让你爱不释手的超实用心理学

全新升级版

陈国强／著

中国法制出版社
CHINA LEGAL PUBLISHING HOUSE

Preface
前言

当一个人捂着嘴、触摸鼻子、搓着双手、叉开双脚的时候，你知道他在传递什么样的信息吗？你知道女孩子为什么喜欢把书本抱在胸前吗？你知道如何从一个人的行为举止来看穿他的谎言吗？这些是心理洞察力要教给你的。

你知道算命先生实际上是心理掌控的高手吗？怎样才能让一个人心甘情愿地接受你的想法？如果别人想从心理上影响你，他会怎么做？欲擒故纵，以退为进，制造共同的目标，利用从众心理，这些是心理影响力要向你展示的。

当情绪低落、内心痛苦、大脑不冷静的时候，你知道如何调节自己吗？每个人的内心都有一个受伤的小孩，你知道如何安抚他吗？当心魔肆虐的时候，你能渡过难关吗？最经济、最有效的心理调节方式是什么？好心情能吃出来吗？这些是心理调节术要告诉你的。

身体会感冒发烧，或者患上各种疾病，心灵也一样。如果心灵感冒了，你会及时察觉吗？你会给心灵吃一颗感冒药吗？如果心灵受伤了，你会给它贴上创可贴吗？面对抑郁情绪、强迫症和种种病态心理，你知道怎么去战胜它们吗？学学心理诊疗术吧，做自己的心理医生。

在生活中，你会觉得自己无能、无力、无助吗？难道自己一无是处，只能做一个失败的人，庸庸碌碌地过一生？你愿意接受这样的结果吗？其实，每个人都有巨大的潜能，关键是能否找到开启内心小宇宙的钥匙，释放自己的潜能。学学潜能激发术，或许你能找到让自己精神焕发、面貌一新、突破生活困境的钥匙。

在职场上，一定要懂得职场交际的方法——洞察他人内心和调节自己情绪的心理策略和战术。你知道怎么把话说到别人的心坎上吗？怎样避免成为同事眼红和嫉妒的对象？学学职场心理学吧！

打开这本让你爱不释手的心理学入门书吧，学习这些最实用的心理学知识，洞察心灵的奥秘。

Contents

目录

第四章　心理诊疗术 ……137

第一章

心理洞察力

——拥有洞察人心的慧眼

人与人交往的过程中常常要接收和释放大量的、复杂的甚至是矛盾的信号。如果一个人能够更好地了解和准确地解读对方的信号，那么无论是在生活中还是在工作中，都将掌握更多的主动权，避免不必要的损失。

在电影中，我们经常可以看到侦探通过缜密的思维识破谎言，他们并不是什么超人，他们只是拥有了严密的逻辑、敏锐的洞察力和一点点技巧而已，而这些是任何人都可以学会的。实际上，在日常生活中我们都在某种程度上掌握着心理洞察力。

表情和动作会泄密

根据行为心理学的研究，人的身体和思想就像是一枚硬币的两面，它们是紧密地结合在一起的。当一件事发生在人们身上的时候，就会影响精神活动，进而反映在身体动作上。比如，当人们在说谎时，闭上眼睛的时间会比说真话的时间要长；人们兴奋起来时瞳孔就会自然而然地放大。人的任何一种思想活动都会导致身体发生相应的生理反应。因此，观察和捕捉这些外部的行为信号，就能轻而易举地揭穿生活中的骗局。

怎么才能知道对方是不是在撒谎呢？一个最重要的观察技巧就是识别非语言的欺骗姿势。当我们撒谎（看见或者听见不真实、不可想象的事情）时，我们往往用手捂住自己的嘴、眼睛或耳朵。一个儿童如果说了谎话，会用手将嘴捂住。如果他不愿意看到某些东西时，他会用手或者胳膊捂住自己的眼睛。随着年龄的不断增长，人们以手遮脸的姿势会变得更加隐蔽，不那么明显了，但仍然会有意无意地表现出来。

在生活中，遮住眼睛、眨眼与眯眼睛等表情都是大脑试图阻挡或者避免它看到的欺骗或谎言行为。如果一个人撒了弥天大谎，他往往会故意看别处，通常是看地板，以避免接触听者对他的凝视。这种非语言行为叫作“视觉阻断”。

除了表情，一些动作也值得注意。这些动作会充当“叛徒”，泄露人内心的秘密，戳穿谎言。

当人们试图不听谎言时，便会把手放在耳朵上面或者耳朵周围，这是成年人会使用的一个姿势。儿童不愿听训斥时，便会用双手捂着耳朵。实际上成人说谎时把手放在耳朵附近时，就是儿童同类姿势的一个翻版。揉耳朵、用指尖来回挖耳朵、揪耳垂、揉耳朵的背面、用整个耳垂捂住耳孔，如果你看到有人做这些动作，可能说明此人听腻了别人的或者他自己的谎言。

另外，在听者感到乏味时，一般会用手支撑他的头，那是一个信号，表示他必须用手支撑着他的头，以免打瞌睡。当听者感到十分乏味时，他的头完全靠手来支撑。同样，用手敲打桌子和用脚不断拍打地板的动作也是乏味的信号。并且，敲拍的速度越快，此人就越不耐烦。

当人们对某个话题感兴趣的时候，会用握着的手支撑着脸。如果人们已经失去兴趣，那么，支撑的位置会略有变化，一般改用手掌根部来支持头。与做出评价姿势的不同之处在于，人们感兴趣的姿势是把手放在面颊上，而不是用手支撑头。

当人们交叉双臂时，他们不仅对讲话内容的关注度较低，对讲演者也有比较消极的看法。双臂交叉姿势意味着防御或者否定的态度。当一个人在排队的行列中，或在拥挤的商场、电梯里等地点，处在陌生人的中间时，往往采取这样的姿势。实际上，当你抱有相应的态度时，这种姿势会让你感觉舒服。这就是为什么许多人认为，他们之所以习惯于交叉双臂，是因为这样比较舒服的原因。

这是儿时行为习惯的一种遗留表现。我们小时候，每当受到威胁时，便躲在桌子、椅子、家具或者家长的后面。随着年龄的增长，当躲藏在物或人后面的做法不再合适时，我们便学会了把双臂交叉在胸前以躲避威胁。当我们再长大一点的时候，便学会了使用不那么明显的方式交叉双臂，辅之以双腿交叉的姿势保护自己。当我们年龄更大的时候，双臂交叉的姿势就越发不明显。把一只或两只手臂放在胸前，就形成了一个壁垒，用来阻挡威胁或不愉快的情况，别人几乎觉察不出来。总而言之，当一个人因为不安而采取防御姿势时，就表明他感觉受到了威胁。

手很不老实

手是我们身体的一部分，帮助我们完成大部分工作，但它也会带来麻烦。因为手总是很不老实，一不留神，就把我们内心的活动泄露出来。

当人们表示怀疑或不确定时，时常会用食指抓挠耳垂下面的皮肤，甚至抓挠脖子。英国人类行为学家德斯蒙德·莫里斯指出，撒谎会引起面部和颈部肌肉组织的疼痛，因此，需要揉一揉或挠一挠。这也为人们撒谎时要揪领口和挠脖子提供了一个理由充足的解释，这是一个人对他想到的事情或者所处的环境感到不愉快的信号。女性释放这种信号的方式更加巧妙，如整理衣服或者向后撩一下头发。所以，当你看到有人做出这些动作时，提出“请你详细解说一下刚刚说的话好吗？”，就会使这个撒谎的人露馅儿。

当婴儿吃妈妈的奶时，他感到最安全，同理，当人们感受到压力时，便下意识地将手指放进嘴里以寻求这种安全感。此外，把香烟、笔等往嘴里放也是同样的道理。当人们需要安慰时，也经常这样做。因此，看到有人做出这些动作时，要主动给他安慰。

守卫嘴的姿势是少数成年人使用的姿势，用手捂住嘴巴，表明大脑指示嘴不要说出正要说的谎言。这个姿势可能表现为攥着拳头挡住中嘴或者是用几个手指捂在嘴上，也有许多人用咳嗽的办法来掩盖守卫嘴的姿势，但它的含义是一样的，很多电影中有这样的表现手法。但是，当你说话时，对方捂住嘴，那就表明，对方觉得你在说谎。

实际上，触摸鼻子也是守卫嘴的姿势之一，可能是在鼻子下面轻轻地抚摸几下，也可能是迅速地触摸一下鼻子。原因是当我们下意识地想要捂住嘴的时候，在最后一刻，为了变得不那么明显，手迅速地离开嘴，触摸了一下鼻子。需要说明的一点是，缓解鼻子痒的通常做法是揉揉或者搓搓，而不是触摸。当你说话时，如果对方迅速地触摸鼻子，则表示他可能在怀疑你的话。

真实、诚实、忠诚和顺从总是同张开的手掌联系在一起的，在日常的交往中，人们经常会采取两个基本的手掌姿势。第一个是手掌的掌心向上，表示坦率和诚实。第二个是手掌的掌心向下，表示克制。

看一个人手掌的姿势，是发现他是否坦诚的方法之一。当一个人把一个手掌或两个手掌向对方摊开时，表示自己的坦率和诚实。当儿童撒谎或者隐瞒了什么时，他总是把手掌放在大人看不到的地方，如背后。当成人在隐瞒或者撒谎时，同样也把手掌藏在口袋里或者把手臂交叉起来，这像大多数身体语言一样，完全是一种下意识的动作。

搓手是一种表达美好期望的非语言动作。当人们表现他有想得到的东西时，会急速地搓动手掌。例如，你想要买一套房子，售楼处的销售人员在向你描述了你所期待的房产后，你便会急速地搓动手掌。当顾客搓动手掌，并让销售人员推荐商品时，表示顾客可能要购买。

乍看之下，双手攥在一起时是表示有信心的，因为人们采取这个姿势时，往往是满面笑容、心情愉快的。然而，实际上这个姿势显示了一种失望或敌对的态度，反映此人克制着一种消极的态度。这个手势主要有三种表现方式：在自己的面前攥起手；把攥起的手放在桌子上；如果是坐着，则把手放在膝盖上，如果是站着，则把手放在大腿前。

手举的高度和一个人人心情不好的程度之间似乎也有一定的关系。相互攥着的手举到面前的高度越高则表示这个人越难对付，而高度越低就表示越容易对付。必须设法使此人的双手松开，露出手掌，否则，他的敌对态度将始终保持下去。

还有一些手臂动作传递着“不要靠近我”的信息，如将手背在身后。试想一下，一个成长中的儿童，在每次想让母亲抱的时候，母亲总是将手背在身后，他该有多么的孤独。我们能够从一个人面对某项事物时手臂伸展的程度判断这个人对某项事物的态度。

腿脚会背叛你的心

通常我们提到身体上最诚实的部位时，大多数人都会想到眼睛，因为人们常说“眼睛是心灵的窗户”。但是实际上，腿和脚才是我们身体最诚实的部位。

在遥远的几百万年前，人类的腿和脚就已经能快速应对周围的威胁，这种反应无须理性的思考，停下来、逃走或踢向敌人，都是因本能而做出的反应。实际上，即使是现在，我们的腿和脚依然会做出史前时代的那种反应。在我们遇到危险的事情或不能认同的事情时，我们会先停止行动（即冻结），想办法逃开，如果没有其他选择，则只能进入备战状态。

许多人在解读身体语言的时候，都习惯从较高的部位（比如面部表情）开始。但面部表情常常被用来虚张声势或掩盖真实的情绪。因为我们从小就被这样教育——“至少你在叔叔经过的时候，要看起来高兴点儿。”于是我们学会了强颜欢笑。这样一来，“察言观色”就不是件容易的事情了。而紧张、压力、恐惧、厌烦、幸福、受伤、快乐、生气、谦逊、傲慢、害羞、自信、奉承等，这些情绪或感受都能在腿和脚的姿势上有

所体现。

防御的腿脚。一条腿放在另一条腿上，这表示紧张不安和防御性的心理状态。但是，对这个姿势的解读通常要跟其他否定的姿势结合起来，不能孤立地加以解释。如果交叉腿姿势同交叉双臂的姿势同时在一个人身上出现时，则表示此人已经退出谈话。如果对方已经采取这样的姿势，你还要求对方做出决定，那你是不明智的。在这种情况下，你要弄清楚他为什么采取反对的态度。

当一个人站立着，伸直胳膊并展开手掌，踮着一只脚，另一只脚指向你时，他们是很轻松和自信的。而那些保持双臂和双腿交叉姿势的人则不那么轻松和自信。许多人说，他们交叉双腿或者双臂，并不是为了防御，而是因为寒冷。这常常是一种托词。第一，当人们感到寒冷而想暖和一下手时，总是把手插进胳肢窝，而不是像防御性姿势那样放到肘下。第二，当人们感到寒冷而交叉手臂时，双臂采取的是搂抱身体的姿势，而防御性姿势则不是这样。

快乐的腿脚。当人们的双腿和双脚一起摆动或颤动时，表示这个人很可能正处于一种“兴高采烈”的状态。这是一种非常可靠的信号，它表示一个人认为他正在得到他想要的东西。

想要观察这种状态，你不需要钻到桌子下面去确认，只要看这个人的肩膀就可以了。如果他的脚在摆动或颤动，他的肩膀也会随之摇摆或上下颤动。虽然这些动作非常细微，但只要你注意观察还是可以发现的。

与所有的身体行为一样，我们必须把某个行为放在具体的环境中考察和判断。比如，腿脚的颤动有时表达的是一个人不耐烦的情绪。观察一下，学生在临近下课时这样的动作会变多，这是表示不耐烦和希望事情加速的信号。

想要远离的腿脚。在日常生活中，我们会将身体转向自己喜欢的人或事。我们也可以通过这种信息判断别人是否愿意见到或离开我们。假设你走近两个正在谈话的人，如果他们移动自己的双脚和躯干来欢迎你，那么他们的欢迎应该是全心全意的。如果没有，则表示他们不愿意你加入。

一个人将双脚移开是一种寻求解脱的信号，说明他想远离自己的位置。如果你与人交谈时，发现对方渐渐地将他的双脚从你这一侧移开，说明这个人想要离开了，而他要去的地方正是脚的指向。这也是一种意图线索。

叉开的腿脚。叉开的双腿是最明显、最容易被认出的“捍卫领地”的行为。如果你发现一个人的腿从并在一起到叉开，那么你基本上可以肯定这个人越来越不高兴。在这种情况下，你就要提高警觉了。

当然，叉腿动作对你是有利的，尤其是当你想要树立权威时。其实，我们每个人都有自己的领地需求，当有人来冒犯我们的领地时，我们的反应会很强烈，会变得十分警觉，脉搏会加快。假设你正在使用自动取款机时，有人突然靠得很近，你会有什么样的感觉?

读懂腿和脚的姿势能让你更加准确地判断对方的心理状态，从而让我们在生活和社交活动中获得更多的主动权。人类的语言和表情或许很容易欺骗一个人，但脚永远是我们最诚实的部分。

身体很诚实

与腿脚的动作一样，人体躯干的很多动作也能反映出情绪的真相。我们的大脑能够运用它的聪明才智来保护那些受到威胁的器官。当我们遇到危险时，无论危险是真实的还是我们幻想的，我们的大脑都会来保卫那些重要的器官。保护的方式有的很微妙，有的则很明显。

我们的身体在感觉到危险时的第一反应就是闪避或者逃离，比如，当有东西抛向我们时，我们的大脑便会向躯干发出立刻躲避的信号，这种反应与袭击物体的性质无关。同样，当我们站在一个自己讨厌的人旁边时，躯干会倾向远离这个人的一侧。我们不仅会将躯干转离令自己不舒适的人，还会渐渐转离那些没有吸引力或令人厌恶的事物。

身体前侧。身体躯干显示的信息反映了大脑对距离和避让的需求，它们是人类真情实感的指示灯。它对我们喜欢和不喜欢的人和事物都很敏感。当遇到好东西或是遇到喜欢的人时，我们便会倾向他或它。而当我们感觉到事情不妙，如遇到不喜欢的话题等，我们就会转换姿势或者转身离开。

当孩子跑过来拥抱我们时，我们会移开包括双臂在内的一切可能阻挡孩子的东西，这是因为我们认为这样是最热情、最舒适的。人体的前侧是身体中最脆弱的部位，因此大脑格外注意对它的保护。这就是当我们不喜欢的人走近时，我们马上会下意识地微微转动身体的原因。但是，如果现实情况不允许我们远离时，我们会下意识地用手臂或其他东西为自己筑起一道壁垒。

在校园里，女生常常在走路时将书本抱于胸前，这种情况在新生开学的前几天尤为明显。随着时间的推移和舒适感的增加，她们会将书本放于身体一侧。但是考试的那几天，这种胸

前保护行为又会再次出现，甚至有些男生也会这么做。

与其他生物一样，人类在试图掌控自己的领地时会挺起胸膛。当承受了很大压力的时候，人们会大口地喘气。这是因为当大脑意识到可能有情况的时候，它会集中精力做好逃跑或战斗的准备，这时身体会试图吸入更多的氧气，而这一目的主要是靠深呼吸或大口喘息来达成的。当你看到一个健康的人做出这样的动作时，你可以猜测他可能正在承受巨大的压力。或许，他就要采取行动了。这一点可以从闹别扭的孩子身上观察到。

双肩。说到双肩，我们就不得不注意那些正处于消极状态下的人。他们会将双肩慢慢地提升到耳朵的高度，头也会向下低，看起来就像没了脖子一样，这一动作的焦点是缓缓上升的双肩。做这样动作的人感到非常不自在，是缺乏信心的表现。例如，当周围的人七嘴八舌地讨论自己骄人的业绩时，业绩平平的人肩膀就会不断上升，仿佛要把他们的头藏起来一样。

肩膀上升至耳朵高度，这一动作透露的信息是弱势、无安全感、情绪低落等。例如，当一位父亲对孩子说："我的烟灰缸被打碎了，我很伤心，因为没有人告诉我它被打碎了。"这时，有一个孩子的动作可能是低着头、双肩升至耳朵高度。

很多讲述身体语言的书籍都不曾提到躯干和肩部动作，这显然是一件很遗憾的事。因为这两个部位能够传递出很多有价值的信息。如果你一直疏于观察这两个部位，希望本节的内容能为你提供一些线索。

锁定心灵之窗

我们常常听到“他的目光炯炯有神”，“她有着婴儿般的大眼睛”，或是“他贼眉鼠眼”之类的话。当人们使用这些言语时，关注的都是别人的瞳孔或凝视的眼神。这是因为眼睛是身体的焦点，而瞳孔的变化会反映人的所思所想。

在一定的条件下，瞳孔会随着人们的情绪和态度的变化而放大或缩小。当人们激动时，瞳孔可能比平常扩大四倍之多。相反，当人们生气或是情绪不好的时候，瞳孔便会发生收缩。例如，如果一个男人爱上一个女人，他的瞳孔就会放大，而女人也会下意识地理解这个信号的含义。当成年人在场时，婴儿的瞳孔始终放得很大，以便使自己显得可爱，从而引起人们的注意。

中国古代的珠宝商，就通过观察买主瞳孔的变化情况来制定自己的策略。有句老话说：“当跟人交谈时，先看他的眼睛。”当你跟别人交谈或谈判时，先看看他的瞳孔，因为瞳孔会把对方的真实思想暴露出来。

沟通的真正基础，是建立在人与人“眼神对视”的交谈基

础上的。有些人跟我们谈话时，我们会觉得非常舒服；而另一些人则使我们感到不舒服；还有一些人给他人的感觉则是不可信任的。这主要与别人在和我们谈话时，凝视我们或被我们凝视的时间长短有关系。

如果一个人隐瞒或者不诚实，那么，他与谈话者眼神相遇的时间不会超过整个交谈时间的三分之一。如果一个人与你眼神相交的时间超过交谈时间的三分之二，那这至少意味着两层意思：第一，他发现你非常有魅力或者很有趣，这时他的瞳孔会放大；第二，他对你采取的是敌对态度，在这种情况下，他的瞳孔会收缩。

也就是说，为了同别人建立融洽的关系，你的目光与对方目光相遇的时间应当占到整个交谈时间的60%—70%，这才会使对方开始喜欢你。

恰当的凝视会对你的生活和工作带来更大的便利，通过不断的训练，可以让我们更加从容地应对人际沟通和交往。

业务性的凝视。当进行业务性讨论时，可以想象对方的前额上有个三角。当你的视线盯住这个区域时，便可以造成一种严肃的气氛，让对方感到你是认真的。如果你想控制互动的局面，那便将视线保持在对方眼睛的水平线以上。

社交的凝视。如果想形成社交气氛，你的视线就应该落在对方眼睛水平线以下位置。

斜视。斜视既可以表示感兴趣，也可以用来表示敌意，当斜视与眉毛微微扬起或与微笑同时出现时，它表达的是感兴趣；而当它与皱眉、眉毛下垂或者嘴角下垂同时出现时，则反映的是怀疑、敌对或者批评性的态度。

注视他人身体的部位，可能对面对面交谈的结果产生强有力的影响。假如你是公司的管理人员，要训斥一个懒惰的雇员时，如果你采取社交的凝视，那不管你的嗓门儿有多大，这个雇员也不大可能理会你的言辞。社交的凝视会减少你言辞的分量，必须用业务性的凝视告诉雇员，你是认真的，从而产生强大的威慑力量。

看穿活灵活现的谎言

在前面，我们已经接触了许多非语言行为，通过这些行为我们可以更好地理解他人的思想和意图，帮助我们更好地与他人交流。不过，还有一种行为很难看穿，那就是欺骗。是什么阻碍了我们更好地察觉谎言？回想一下，你是否有听过“告诉妈妈，我们在看学习的书”或者“别告诉你妈妈，不然咱俩都有麻烦”等这一类的话。答案应是肯定的，因为说谎能避免窘迫的解释，或者可以让你免受责罚。所以，人们年龄越大就越能把谎言说得活灵活现。下面我们就解读一下围绕谎言的行为举止。

你或许有这样的体会，撒谎时自己很难放松下来，而且很容易被别人看出来。这是因为谎言让我们承受着沉重的思想负担，哪怕只是回答一些很简单的问题，我们也要不断地编造谎言。

当我们与亲友聊天时，很容易感到舒适，这种舒适感会让我们敞开自己的身体，向别人展示更多部位。如果遇到一个让你高兴的朋友或者投机的话题时，你会将所有障碍物移至一边，因为你不想任何东西阻挡自己的视线，反之亦然。

当人们感觉不舒适时，咽唾沫也变成了一件很费劲儿的事。说谎者的喉结可能会突然上下跳动，同时伴随着清嗓子的动作，这些都是不舒适的信号。你还可以观察一下他人的嘴部动作，当谈论的话题比较严肃时，嘴唇会颤动或嚅动。我们要注意，长时间或反复出现同样的面部表情都不正常，不管是微笑还是惊讶。通常，当人们被察觉正在做坏事或说谎时，会摆出一副长时间都不会消失的笑脸。这种笑不是舒适的表现，而是一种假笑，所反映的正是一种不舒适。

同时请记住一点，当这些表情出现时不一定代表对方就是在说谎，这也有可能是对方感到苦恼的表现。因此，我们要根据具体的环境去解读他人的非语言行为。

在辨别对方是否有欺骗行为时，同步行为和强调行为至关重要。所以，我们要多加注意，观察口头表述与非语言行为表述是否同步。当一个人以肯定的口吻回答问题时，他应该做出相应的同步动作。例如，一个人报警说自己的孩子失踪了，他可能会大声要求警方立即采取行动，并且不断地强调每一个细节，让你能感觉到他希望得到帮助的迫切心情。反之，如果报警的人心平气和，情绪与当前的氛围完全不相称时，我们基本上便可以断定他是在说谎。说谎的人不会过多地考虑同步性，非语言行为会出卖他们。

而强调行为是指人们在说话时，经常会使用身体的各个部位，如眉眼、头部、手臂、躯干、腿脚来强调我们内心深处的感觉和情绪。强调行为是一种真诚的行为，它能让别人知道我们的感觉有多强烈。相反，当大脑不同意我们所说的内容时，强调行为就会减少甚至完全消失。因为说谎的人会全身心地投入欺骗别人的行为上，他们很少考虑用何种强调行为来表达谎言的问题。因此，当说谎的人试图编造某个答案时，他们的强调行为看起来会很不自然甚至是不合拍，很少有恰如其分的时候。其实，我们日常交流中会做出大量强调动作，只是大部分人平时注意不到而已。

有些人在表示对谈论内容很感兴趣时，会将身体向一侧倾斜。有些人还会做出一些背离重力的动作，如踮起脚尖等。这些都是强调和真实情绪的象征，它们同样很少出现在说谎者的身上。说谎的人通常会做出一些慎重的动作，如看似在思考自己说的话时用手指触摸下巴、脸颊等。这些行为与强调行为是完全不同的。

梦的解析

我们本节要说的梦不是梦想，而是我们在睡眠状态下产生的声音、影像、思考和感觉。梦的产生通常是非自主的。在梦中，我们会有喜怒哀乐，甚至会做出许多荒唐事，那到底什么才是梦呢？人为什么会做梦呢？梦境为何如此离奇？只有了解了心理学，我们才能真正走进梦境，了解梦境，读懂梦中的故事。

“嘿，昨天我做了一个梦，我变成了有超能力的人。想要拿什么东西不需要我走过去，只要动动手指，东西就会飞过来。我还用这个能力救人了呢！”梦是人们茶余饭后的重要谈资，类似于这样的场景想来很多人都遇到过。对于做梦，每个人都不会陌生，而对梦的研究从很久以前就开始了。在中国，最著名的研究应该算是《周公解梦》了，直到现在类似于这样的书依旧遍地都是。但是，在古人知识有限的情况下，梦的作用便被无限地放大了，变成了吉兆或者凶兆。

其实，梦只是人睡眠时的一种心理活动，都是潜意识在人脑中的反映。我们常说“日有所思，夜有所梦”，这说明梦境与现实生活有着密切的联系。例如，如果一个人睡觉时被子滑落

了，就可能梦到自己处在一个冰天雪地的环境。离奇梦境的产生是因为人在清醒的状态下，潜意识受到理性的约束，不能明显地表现出来。而在睡眠状态下，理性的约束力下降，潜意识便会在梦境中自由地表现出来。因此，梦境往往比现实更加荒诞、离奇。

还有一种说法是，人在清醒的时候是受左脑控制的，而左脑主要掌管理性。睡眠时，左脑对右脑的理性控制减弱，而右脑又是掌管想象和创造的，所以便会产生许多古怪的想法，不再符合逻辑，于是离奇的梦便产生了。总之，梦是人们在睡眠时对潜意识的一种释放，是一种特殊的心理活动现象。

做梦是人体正常的生理和心理现象，科学家研究发现，如果让一个人不做梦反而会影响到这个人的生理和心理健康。那为什么又会听到“昨天做了一晚上的梦，现在好累啊”之类的说法呢？人在梦醒之后之所以会感到疲惫或者烦躁并不是因为做梦，而是梦在提醒你“该注意一下身体了”。调查发现，人们睡眠不好，醒来后身体不舒服，大多是本身存在着某些心理或者生理原因，如忧虑、烦恼或患有某些潜在的慢性疾病等，正是这些因素影响了睡眠的质量。

在现实生活中，人们往往对那些解梦的专家怀有一种崇敬之情，因为他们能够把看似光怪陆离的梦境还原到现实当中，能够挖掘出梦境背后隐藏的心理。随着心理学的不断发展，人们逐渐地从科学角度来解释各种梦境，对梦的解析也渐渐地走向了科学。

其实我们每个人都能够成为解梦的专家，毕竟没有谁比自己更了解自己。对梦的解析是一件十分严谨的事情，我们自己解梦，重在对自己做一些深入的分析，而不是像心理专家那样做专门的研究，因此，在要求上不能太苛刻，即使解释不出来也不必懊恼和难过。

自己给自己解梦，首先要能够把自己的梦境完整、及时地记录下来。因此，最好能够在你的床头准备好笔和纸，以便随时能在第一时间把自己的梦境记录下来。这是解梦中非常重要的一个环节，一定要做好。

对梦境的分析，应该与客观现实进行对照，而不能胡乱联系，否则就容易陷入唯心主义。对于一些与现实联系不够紧密的梦境，我们可以从梦境的一些侧面来进行考察。例如，梦境中呈现的是一种什么样的场面，发生了什么事情，有哪些人物出场，梦中我们有什么样的行为，产生了什么样的情感等，然后再与我们所处的外部世界，以及相关的心理活动联系起来，就不难从中发现一些比较深刻的东西。

视网膜效应

李思是一名年轻漂亮的女孩，夏天到了，李思想买一件紫色的连衣裙，她觉得紫色是一种高雅的颜色，她穿起来一定比那些穿着白色、粉色、红色衣服的女生更加迷人。可是当她精心打扮好，穿上紫色的连衣裙兴冲冲地出门后，发现了一个奇怪的现象——她发现了很多穿紫色连衣裙的女人，而紫色并不是今年夏天的流行色！

李思感到很纳闷，为什么买这条紫色连衣裙之前，没有发现有这么多人穿这个颜色的裙子呢？是因为自己买了同样颜色的裙子后才注意到的，还是本来就有这么多人穿呢？

而当她跟同事说起这事时，她发现很爱美，也很爱买衣服的其他女同事却没有发现今年穿紫色裙子的人很多。倒是一个怀孕的朋友告诉她，说她自己无论在哪里都会碰到孕妇，在短短两个小时之内就看到了 6 个孕妇，她还在想：是不是今年的出生率有所提高了呢？

其实，李思所遇到的这个令她感到困惑的现象，就是心理学中所说的“视网膜效应”。所谓“视网膜效应”，是指当我们拥有某一样东西或者出现某种特征时，便会更容易地注意到别人是否也有这件东西或具备这种特征。所以，李思自己穿了紫色的裙子，就会关注别人是不是也穿了一样颜色的裙子；而李思的朋友怀孕了，就会注意别人是不是也怀孕，结果就会因为自己的关注而发现很多孕妇。

“视网膜效应”会对人的心理和行为产生很大的影响。卡耐基曾提出这样一个论点：每个人的特质中大约有 80% 是优点，20% 是缺点。当一个人只认识到自己的缺点而不知发掘优点时，“视网膜效应”就会促使其发现身边许多人也有类似的缺点，进而使其人际关系无法改善，甚至恶化，生活自然就不快乐。例如，经常撒谎的人会认为别人也在骗自己；经常占别人小便宜的人，就总是疑神疑鬼地怀疑别人也在占自己的便宜。这就是“视网膜效应”的消极影响。

相反，当人们能够发现自己的优点时，同样也会以一种包容的心来观察与接纳周围的人，因为能够以积极的态度对待他人，所以会拥有好的人缘。例如，一个心地善良的人，会觉得别人也和自己一样善良，他就会很容易和别人融洽相处，从而拥有广泛的人脉。这是“视网膜效应”的积极影响。

“生活好比一面镜子，你对它哭，它就对你哭；你对它笑，它就对你笑。”只有当我们笑着面对这个世界时，这个世界才能回报我们以笑容。所以，包容自己的缺点、肯定自己的优点，以一种欣赏的眼光面对周围的一切，我们的生活才能更快乐！

“视网膜效应”不仅对个人有很大的影响，对一个企业同样有一定程度的影响。如果紧盯着企业的缺点、问题，只关注员工的缺点、问题，以便弥补企业的不足和淘汰有问题的员工，效果未必理想。要知道，成功学中有这样一句话：改变缺点不能走向成功，发挥优点才可以走向成功。

一个人想要人缘好，就一定要学会欣赏自己、肯定自己。因为在“视网膜效应”的作用下，想要看到他人的可取之处就必须能够看到自己的优点。同样，也只有用积极的态度去看待他人，才可能拥有良好的人际关系。

第二章

心理影响力

——一开口就说服所有人

掌握了心理洞察术后，我们便了解了对方的想法。那下一步该做的就是用恰当的方法打开对方的心扉，赢得对方信任。试想一下，如果能让第一次见面的人认为“这个人真了解我”，或者在推销商品时让客户觉得“这个人完全了解我的感受”，那你下一步行动的成功率不就大大提高了吗？

只要被人信任，无论是工作、恋爱还是私事，都能随心所欲。现在社会上最被需要的人，无非“了解我”“信任我”和“接纳我”这三种类型的人。因此，只要你认真努力地去了解别人的心意，大家便会抢着成为你的朋友。

被“算”出来的命——自我求证

如果算命先生问：“你家门口是否有棵大树？”如若有，你便会认为他能掐会算，是个有能耐的人；如若没有，给你算命的先生也会一本正经地说：“哦，没有最好。”就好像他原本便希望没有这棵树一样。

有时算命先生会说：“你这个人和水是比较有缘的。”这样模糊的话往往会引起人们的诸多联想。如果你的名字中有“水”这个字或者与水有关的字时，你便会想：他怎么知道我的名字和水有联系呢？如果你家附近有河流或池塘，你同样会吃惊：他怎么知道我住的地方有水啊？如果前几天你刚刚去游过泳，你也会感叹算命先生料事如神。下一步算命先生就会说：“那就是了，天机不可泄露，你且附耳过来……”

心理学家对算命的现象进行了深入研究后发现，算命先生有些时候之所以能够“算得很准”，其实只是利用了人们的一种“自我求证”的心理而已。

人都有一种“自我求证”的心理，在其受到某种暗示后，大脑立刻会回想起与之有关的内容。因此，当听到“与水有缘”时，人们就会不由自主地去把一切与水有关的经历或事物都找出来，证明自己确实与水有缘。

算命先生利用的正是这种心理，向人们提供一些模糊的信息，让算命的人自己去求证，使模糊信息具体化，让人觉得他们真是神机妙算，可以洞察天机。也就是说，算命先生并不是真的“说中”了，而是让算命的人“认为被说中了”。

算命先生往往都是善于设置“心理陷阱”的高手。例如，算命先生先会告诉被算命的人“信则灵，不信则不灵”，让其对自己产生信任，在这个前提下算命的人的思路就容易顺着算命先生的某种提示越走越远。在算命先生提出一些模糊性问题时，努力进行回忆与联想，主动证明这些话的准确性。

许多人都对星座预测深信不疑，星座预测真的可信吗？其实早在1949年，心理学家已经通过一个实验对其进行了解释。

勃伦特·弗瑞尔聚集了一批学生，让他们做一个性格诊断测验。几天后，他将诊断报告交到了受测的学生手中。然后，他得到了学生对诊断结果有效度的评定。他的学生中有８７%认为结果是准确的！而实际上弗瑞尔交给所有学生的诊断报告是完全相同的，而且诊断报告是从车站小商店买来的文章中，随机挑选的几个句子拼凑而成的。

弗瑞尔真正的目的是想要证明“人的自我评价是不可靠的”。

正是因为弗瑞尔对每个接受测试的学生说“这份报告是‘你的’测验结果”，当学生听到这份诊断报告是属于“自己的报告”的时候，心理上便会被带入特定情境中，而不会产生“这份报告会不会适用于任何人”这样的想法。

如果只是单纯地看一份性格诊断报告，应该不会有太多人感觉非常准确。但是如果在诊断报告里添加上“白羊座的性格”或是“水瓶座的性格”之类的话，你便会觉得“说中了”吧！去看看别的星座的诊断报告，是不是也有许多特征符合你？这是因为这个推测是针对你的星座的。因为你有这种感觉，所以便落入对方的心理陷阱了。

小测试

你有几项符合弗瑞尔教授的性格诊断测验？

1. 有时会产生让别人喜欢、羡慕、尊敬你的愿望。

2. 有时很外向、开放，有时却相当内向、保守。

3. 从过去的经验学习到，过分坦率并非聪明的做法。

4. 自认为很有想法，不会毫无根据地相信他人说的话。

5. 爱好某种程度的变化和自由，但内心也有烦恼和不安的一面。

6. 曾有性方面的困扰。

7. 自觉在人格上有缺陷，但有能力去弥补它。

8. 自觉有相当大的潜能，很多尚未被开发。

9. 对自己很严格。

10. 希望被人喜欢，受认同的欲望强烈。

11. 虽然外表上看起来相当有自制力，但内心却常常没有安全感并担心自己的表现。

你被掌控了——心理暗示

一位老师为了考验自己的学生，在上课时拿出一个“苹果”，在他的学生中边走边说：“同学们，现在来闻闻空气中苹果的香味，注意，要集中精神。”他在学生中间转了一圈，回到讲台上问道：“有哪位同学闻到了这个苹果的香味？”这时有一位学生举起了手。

老师见只有一个学生闻到，大声问：“还有哪位同学闻到了？”这时候，大家都默不作声。苏格拉底再次举着“苹果”走下讲台，叮嘱学生要注意空气中的气味，并慢慢地从每一个学生的座位旁走过。回到讲台，他再次问大家有没有闻到苹果的香味。这时候，大部分学生都举起了手。

老师再次走下讲台，把“苹果”放在每个学生的鼻子前，让他们闻味。等他回到讲台再次问学生：“大家都闻到苹果的香味了吗？”话音刚落，所有的学生都齐刷刷地举起了手。

老师问学生：“你们都闻到了什么味儿？”学生

异口同声地回答：“苹果的香味。”之后，老师严肃地说：“这只是一个苹果模样的玩具，什么味儿也没有。”

为何原本没有气味的假苹果，却让学生都能从空气中闻到香味？其实这就是一种心理暗示。是因为受到了心理暗示，学生才会觉得自己闻到了苹果的香味。在让学生闻苹果香味的过程中，老师一直在很隐蔽地强调这是一个真苹果，这个苹果是有香味的。学生在不知不觉中便受到了心理暗示的影响，使得自己无法正确地感觉并进行判断，最后盲目地听信了别人。

心理暗示是指在没有对抗的情况下，人们通过行动、表情、语言以及某种特殊的符号，使自己的某些观点、意见被接受暗示者认同的活动，是一种很含蓄的方式。心理暗示的现象在生活中是普遍存在的，它每天都在不同程度地影响着人们的生活。通过暗示，我们可以对人们传达出某种提示，使其在言语及行动上做出一些改变，以达到自己的目的。例如，当家里有人生病需要休息，而孩子在旁边吵闹时，父母把食指放在嘴唇上，做了一个“嘘”的动作，便可以让孩子不再吵闹。

心理暗示的作用在我们的生活中是普遍存在的。他人的语言、表情、动作、情绪、态度、期望、判断以及某种情境，都可能对我们产生心理暗示作用，影响我们的观念、心理、行为。例如，在和领导或者同事交往时，对方态度冷淡、烦躁，或者无意中说了一些容易让你产生联想的话，就可能会让你怀疑自己的工作能力、表现或者在领导、同事心目中的印象，进而影响自己的工作态度和心情，甚至产生自卑感和逃避心理。再如，我们去朋友家里做客，主人端上来一道菜，初尝时并没有感到什么特殊口感，但经过主人介绍这道菜的用料、做法、营养等，再去品尝，口感似乎就与原来有很大的不同了。这也是心理暗示在起作用。

科学研究证实：人是唯一能接受暗示的动物。这是由人的心理特性决定的。我们每个人的人格中都有一个“自我”。“自我”比较发达、健全的人就会表现得成熟、稳健和有主见。但不是每个人都拥有如此完整的“自我”，也不可能有完美的“自我”。“自我”的缺陷就会使心理暗示有机可乘。特别是对于我们所喜欢、信任、钦佩、崇拜的人，我们更容易受其心理暗示的影响。那些“自我”比较虚弱、幼稚、依赖性强的人，在潜意识中就存在受控制的需要，很容易被他人的暗示占领和统治。

当然，要知道暗示还会产生消极影响，使人们失去判断力进而走向谬误。

老李最近总感觉胃不舒服，到医院做胃镜检查后，医生告诉老李：他得了“萎缩性胃炎”。医生提到“萎缩性胃炎可能会发生癌变”。这句话对老李产生了心理上的暗示作用，像个挥之不去的咒语，一直盘旋在他的脑海里。亲友们知道老李得病后纷纷打电话表示关心，老李自己也找了些医学的书籍和文章看，根据上面写的症状一一对号入座。再加上到医院复诊时，医生一再嘱咐要注意癌变先兆，更让老李确信“自己会得胃癌”。就这样老李的胃病非但没有治愈，反而搞得自己情绪低落，茶不思饭不想，终日忧心忡忡。

心理暗示能够在不知不觉中取代我们自己的思维和判断，所以，我们要学会对消极和错误的观念进行分析辨别，要有主见并且相信自己，才能使自己不盲目地跟从别人的暗示，做出错误的事情来。

因为相似，所以相知

一天，两个素不相识的人因为喝醉了酒，在同一辆公交车上睡着了。于是，两个人都坐过了站，一直坐到离家很远的终点站，这时已经没有返程的公交车了。两个陌生人交谈了几句后，便仿佛找到了挚友一般，大有相见恨晚的意思。于是两个人一拍即合，一起寻找出租车，共同分担了车费，一路上相处得也十分愉快。并且过后也经常联系，逐渐产生了友情，以至于偶尔还一起喝点小酒。他们都感谢那次坐过站的经历，让自己找到了知己。

为何两个陌生人会在短短的时间内产生深厚的感情呢？首先，这两个人都喜欢喝酒，有一个共同的爱好；其次，两人的相识就是因为喝醉，在车上睡着，导致最终坐过站，是同病相怜。因此他们产生了情感共鸣，彼此轻易地认同并接受了对方。

由此可见，在人际交往中，人们对于与自身有着诸多相似性的人的警惕心和抵触心是比较弱的。相似性会让人们产生容易接受对方的心理。在日常的人际交往中，人们比较容易接受那些兴趣、信念、爱好和价值观等与自己相同或相似的人。因为和与自己相似的人相处，更容易有共同语言，也会减少发生矛盾的机会，获得内心的一种稳定感，也更容易获得彼此的支持和理解。心理学家通过调查也发现，立场、观点、处世态度和追求一致的目标以及同年龄和有相同经历的人更容易相处。

与相似的人相处，可以更好地共同应对来自其他群体的阻力和压力，这也反映了人们的一种自我防御的心理，即害怕遭到反对和伤害，寻求认同和帮助。这种心理防御有一定的必要

性，可使自己免受伤害，而在最大程度上获得心理认同和满足。

所以当你面对陌生人时，只要摸清楚对方的性格特点并展现与对方的相似之处，便可以让他对你产生信任感。这一点怎样才能做到呢？其实，任何人都具有两面性，因为人的心理本来就很矛盾。例如，越是温柔体贴的人，越是容易对自私的人感到生气。也就是说，人的某方面特点特别显著的时候，相反的另一种特点也会同时存在。所以，从相反的两面去评判一个人，一定不会错。前面提到的诊断报告中，也有这样的评价。

1. 有时很外向、开放，有时却相当内向、保守。

2. 虽然外表上看起来相当有自制力，但内心却常常没有安全感并担心自己的表现。

这样的评价无论是对个性内向还是外向的人，都不会出错。因为没有人任何时候都是外向的，也没有人任何时候都是内向的。所以，只要指出性格的两面性，就会让对方产生“真了解我”和“他也是跟我一样的吗”的想法。

在日常生活中，我们经常会说“道不同，不相为谋”“话不投机半句多”，这也体现出了相似与相异给人们心理造成的巨大影响。不可否认，相似的人聚在一起，能够增强群体的安全感和行动力，但是因为没有不一样的声音和意见，又容易缺少活力，限制发展。所以，我们在人际交往的过程中，除了要大量结识与自己有相似特质的人外，也要善于和与自己相异的人交往，这样才会发现自身没有的东西，使自己得到补充和提高。

巧妙地利用从众心理

一个人跑了起来。或许是他猛地想起了与女朋友的约会，而他已经迟到很久了。不管他想些什么，反正他在大街上向东跑去。这时，一个有急事的胖胖的男人也小跑起来……第三个人也跑了起来，他可能只是去赶前面的公交车了。10分钟过去了，这条街上的所有人都跑了起来，嘈杂的声音渐渐清晰了，可以听清“大堤”这个词。“决堤了！”没有人知道是谁说的，这声音充满恐惧，可能是一个男孩说的，也可能是电车上一位老妇人喊的。没有人知道真正发生了什么事，但是街道上的几千人都奔逃起来。“向东！”人群喊叫了起来。东边安全，东边远离大河。“向东去！向东去！”人们都喊着……

上文所描述的就是人们的“从众心理”。在日常生活中，人们的许多行为都会受从众心理的影响。比如，大街上两个人在吵架，一开始只有一两人围观，但后来围观的人越来越多，最终导致了交通堵塞；在超市的限时特价商品区，一大群人争先恐后地抢购着价格未必实惠而自己也未必需要的商品。

这些就是“从众行为”，大家这么认为，我也这么认为；大家都这么做，我也跟着这么做。通俗一点说就是“随大溜儿”。

从众心理是怎么产生的呢？在一个群体中，群体的成员如果发现自己的意见与群体中大多数人有分歧或不一致时，就会感到压力，而这种压力便促使了他与群体保持一致。只要与众人保持一致，便会产生安全感。即使错了，也会因为“大家都这样”而感到安慰。

在日常生活中，如果我们合理运用从众心理，它就可以成为一种十分犀利的武器，让对方在寡不敌众的劣势下，加入群体之中。

从众心理对人们行为的影响已被商家灵活运用到了各种销售战略上。例如，一家卖鸭脖的连锁店，在新的分店开张时，便会雇一大群人，围在店门口制造人气，吸引真正的顾客。再如，一个新的品牌向年轻人推销耳机时，会先雇一些学生，让他们随时随地地带着该品牌耳机，这种故意烘托出的气氛对其他学生来说，是一个相当大的诱惑。“这么多人都在用，而且好像还不错，不行，我也要去买个这个牌子的耳机。”

如果能将从众心理利用好，它可以在绝大多数人意见一致时，对个别意见相左的人起到协调作用，使其与集体保持一致，也就是：以众敌寡，逐渐同化。例如，你对一个不爱学习的孩子用说教甚至是打骂的方式去强迫他学习，不如让他和喜欢学习的孩子们在一起。虽然在开始时，他会觉得不大合群，但久而久之便会被同化，变得喜欢学习。

想要劝服人遵从自己的意见，一个人口干舌燥地苦苦劝说或许并不能达到说服的效果，最好的方法是让多个人轮流去劝说，给对方造成压力，使其被逐渐同化，以达到劝服的目的。

总而言之，在现实生活中，少数服从多数的原则会给少数派的人造成很大的压力，使其心理发生动摇，以至于最终放弃自己的主张而被别人同化。有时，我们为了获得这样的效果，则需要营造一种以众敌寡的压倒式局面和氛围。

没有敌人？制造“敌人”！

春秋时期，吴国与越国是敌对国家，经常交战。某天，吴国人和越国人同时乘上了一艘渡船，双方谁也不搭理谁，气氛显得十分沉闷。

渡船行驶途中，突然狂风乍起、天色骤变，暴雨倾盆而下，巨浪一个接一个地向渡船扑来，渡船上的两个吴国孩子吓得哇哇大哭，越国的一位老太太一个没留神跌倒在船舱里。掌舵的老艄公一边竭尽全力撑好渡船，让大家进入船舱；一边让两名年轻的船工解开桅杆上的绳索，想把篷帆降下来，可情急之下又解不开。如果不能解开绳索，把帆降下来，渡船就可能翻掉。

在这千钧一发之际，渡船上的吴国人和越国人都争先恐后地冲向桅杆去解绳索，也不分谁是吴国人谁是越国人了。他们之间的配合像左右手一般默契。

不一会儿，渡船上的篷帆终于降了下来。老艄公望着风雨同舟、共渡危难的吴国人和越国人，感慨地说：“吴越两国如果能永远和睦相处，该有多好啊！”

这个故事出自《孙子·九地》，而“吴越同舟”这个成语便来源于此。素有恩怨的吴越两国人，在面临暴风雨的袭击时，为了共同的利益而同心协力渡过难关。由此可见，即便是敌对的双方，在面临更加强大的敌人或是困境时，双方也会消除恩怨，以期共渡难关。

心理学家为研究这种微妙的心理做过一个实验。

让 3 个人一起做一个简单的“撞球游戏”，谁最后被淘汰，谁就是获胜者。很显然，这 3 个人构成了相互的敌对关系。实验结果显示，在比赛中，如果其中一个人的分数遥遥领先，那余下的两个人便会联合起来，共同阻挠领先者得分。

如果善于利用人们普遍存在的这种心理，就有可能解除对立者之间的敌对状态，获得共赢。例如，两家具有同等竞争力的公司，彼此之间难免存在着利益分配的矛盾，甚至会达到水火不容的地步。这时，如果第三家具有同等竞争力的公司出现，便会让头两家公司意识到，如果继续敌对下去，会让第三家公司坐享渔翁之利。这样，头两家公司就会因为产生了共同的危机感，而不再“自相残杀”，以免让共同的敌人获益，而原先的那种敌对情绪也就大大减弱了，从而“化敌为友”，尽可能地实现共赢。

实际上，在许多时候未必真的存在“共同敌人”，在恰当的时机可以故意制造一个“假想敌”来激发共同的危机感。当然，这必须配合得天衣无缝，否则便会弄巧成拙。

还有一种情况，那就是“共同敌人”是存在的，但是却无法确定具体是哪一个。在这种情况下，仍需要双方的通力合作。例如，在全球软饮料市场上，可口可乐与百事可乐是两大巨头，它们牢牢地占据着前两强的位置，很难有哪个品牌能够挤进去。在无法一举将对方扳倒的情况下，可口可乐和百事可乐这两个“宿敌”只有默契配合，虽然它们看不到具体的“共同敌人”，但是可以确定的是，在激烈的竞争中一定存在着无数想要取代它们的敌人。因此，只要两个“宿敌”协力防止新的第三方出现，它们的市场份额就可以继续维持，共同的利润也就会得到保证。

在生活中，如果双方为一点矛盾争得不可开交，又需要对方的支持时，最好的做法就是找到共同点，并把双方的共同点扩大，树立共同的敌人，使对方与自己“同仇敌忾”，这个方法在需要维护自己的合法权益，而自己又势单力薄的时候是最有效的。

欲擒故纵，以退为进

在一所大学里，心理学家曾以“学生是否需要一般性的教养”为题做过一个心理实验。首先，先请学生做一项问卷调查。在第一次调查时，只是分辨出被调查的学生是否赞成一般性的教养，并没有给学生太多的资料。一周后，再把学生分为两组，其中一组的资料是“一般性的教养对于一个人的修养、人际关系以及完整人格的培养是很重要的”，另一组的资料则是“一般性教养对于专门教育未必有所助益”。结果发现，前面一组对于一般教养的赞成程度明显比第一次调查时有所降低，而后面这组的赞成程度却得到了显著的提高。

由上面的实验我们可以得到这样一个结论：对于一件事情的评价或是自我评价，如果只强调了好的方面，便容易引起对方的猜疑，使对方产生不信任感。这时，如果说出一些不是缺点的缺点，或是并不存在的缺点，反而有利于消除对方的猜疑从而获得对方的信任。举个例子来说，当商品降价销售的时候，许多顾客便会产生不信任感，会提出“一分钱一分货”的理论。而在这个时候，如果导购把不利的因素告诉顾客，便会消除顾客的顾虑，而那些不太介意瑕疵的人也就会购买了。

因此，如果想要化解对方的不信任感，绝不能以强硬的口气说“你要相信我”，因为这是一种攻击行为，只会使对方的不信任感更重、更排斥你。原因是这样只保留了自己的主张，而否定了对方的判断。

赫蒙从美国耶鲁大学毕业后，又在德国弗赖堡大学拿到硕士学位，满怀希望地到美国西部一家公司求职。没想到，这家公司的老板赫斯特学历不高，却从来不把高学历的人放在眼里，赫蒙递上自己的两张文凭，他竟然用一种轻蔑的态度表示拒绝说：“我之所以不想用你，就是因为你是德国弗赖堡大学的硕士，在你的脑子里装满了没用的理论，我可不需要什么文绉绉的工程师。”

赫蒙并没有因为赫斯特傲慢无礼的态度而反驳对方，赫蒙采取的是退一步以满足对方虚荣心的办法，他告诉赫斯特：“假如你答应不告诉我父亲的话，我就向你透露一个秘密。”随后，赫蒙压低了声音说：“其实，我在德国弗赖堡大学那3年，稀里糊涂地就混过来了，并没有学到什么。”赫斯特听闻此言，感觉特别受用，当即改变主意同意录用赫蒙了。

先将对自己不利的一些信息告诉对方，让对方觉得你这人诚实可靠，从而产生想听你继续说的意愿；这时，你再不动声色地为自己说些好话，对方在不知不觉中就会受到你的诱导，满足你的要求。

韩愈在《治家格言》中写道：“大丈夫成家容易，士君子立志不难。退一步自然潇洒，让三分何等清闲。忍几句无忧自在，耐一时快乐神仙。”人们在社会活动中，都有坚持自己意见的顽固性，都喜欢把自己最优秀的地方表现出来，殊不知，这样做有时反而会引起别人的反感。适当地自我贬低，在满足对方自尊心的同时，便能不动声色地达到目的，这便是以退为进的道理。

你尽管说，生气算我输

面对愤怒的人，我们首先要做的就是耐心地听完对方的抱怨，尽量让一个人将他的愤怒发泄出来。一般来说，大部分人在受了委屈后，都会夸大自己的愤怒，不是他的“自尊心”受了伤害，就是他想用愤怒显示自己的威风，事实上这是他的虚荣心作祟的缘故。

所以，无论他有多凶狠，只要我们能静静地听他说个痛快，并且表达我们愿意理解他后，他自然而然地就会平静下来。即使我们不能同意他的做法，也应表示我们的同情。几乎所有的人都不会轻易承认自己犯错了，所以，如果想让他们认错，你要花上许多时间。如果我们从一开始就表示很尊敬他们，很同情他们，就会很容易让他们接受我们的意见。但如果我们从一开始就让他们知道自己有多么愚昧，那么，在无意之中我们便会让他们顽固地坚持自己的观点。这是他们的“自尊心”使然。

耐心听完对方的抱怨，不但能让对方信任我们，还能让我们探知对方的意图，同时也赢得了思考如何回应他的那些反对意见的时间。因此，当有人反对自己时，最聪明的办法就是在一开始让他说出反对意见。这样我们就能够早一些了解对方的想法，同时想出与之应对的方法。

在生活中，我们或许经常会遇到这样或者那样的阻碍，小小地退一步反而更能达到我们的目的。这就是“以退为进”的道理。要知道，大部分人都不愿勉强让步。因此，当你的意见与别人不同时，一定不要露出勉强他人的态度。最好的做法是让对方有机会修正自己的观点，以维护他的尊严。因为有些事情人们在回想起来的时候，往往发现自己的反对根本没有道理，在当时那么做只是因为要强撑面子。如果你能让他有改正自己意见的机会，那么就可以很容易地解决问题。

你成功地引起了我的注意

爱德华·鲍克是《妇女家庭》杂志的著名编辑。他 13 岁时，还是西联电报公司的一个送电报的小孩儿，他给当时的很多名人写过信，引起了他们的注意，比如休曼将军、拉瑟夫特·海斯、格兰特将军夫妇、戴维斯、林肯夫人、杰斐逊等人。

鲍克最开始给他们写信只是因为想要确认名人传记中的一些事情，因此，他将写这封信的原因一五一十地向对方道明。一次，鲍克就凭着孩子所特有的真诚给加菲尔特将军写了一封信，询问加菲尔特将军小时候是否真的做过纤夫。不久，鲍克收到了回信，加菲尔特将军详细地回答了他的问题。而鲍克也从将军的回信中受到了极大的鼓舞。于是，他还想得到其他名人的书信，这么做并不只是为了能得到他们的手迹，他想要的是从名人的回信中学到一些对自己有益的知识。

因此，鲍克继续给名人写信。他不是追问那些名人做事的理由，就是询问他们生平最重要的事情，他也得到了很多回信，其中还有几人欢迎他去做客。

鲍克是怎样引起当时大人物的注意呢？其实他为了写信，熟读了这些名人的传记，熟悉了他们的性格特点，所以信件有针对性，足以引起对方的兴趣。这样，他写的信自然就很有吸引力。许多人都希望那些名声显赫的大人物能够注意到自己，但是如果没有合适的方法的话，这种希望也只是一个遥不可及的梦而已。很明显，年轻的鲍克做到了，而这些友谊对他的人生也产生了很大的作用。

要想打动他人，首先应该赢得他人的注意，并牢牢地抓住

这份注意。鲍克的成功之道，便是他以名人最感兴趣的事作为突破口去接近他们。要知道，人们总会特别注意自己以及与自己相关的事：自己所欠缺的东西、与自己相关的所有问题，还有自己的经历。除此之外，人们还会特别注意一些新生事物。

亚历山大·贝尔是电话机的发明者。他为了能够得到哈伯特的赞助就使用了这个技巧。

> 一次，贝尔当着哈伯特的面演奏钢琴。他停下演奏琴问哈伯特："你相信吗？假如我把这踏脚板按下去，对着钢琴唱一个音，钢琴就会复唱我唱的音。"哈伯特好奇地问贝尔："这到底是怎么一回事？"于是，贝尔顺理成章地给哈伯特上了一堂有关和音和复音电唱机原理的课。结果，哈伯特自愿资助贝尔继续实验。

实际上，贝尔的策略十分简单，就是他在说出自己的真实意图以前，先将对方的注意力吸引过来。如果你成功地引起了对方的兴趣，那么，你所要做的事情就已经成功一半了。

但是，我们要注意，新颖是局限在某种条件之下的。如果没有令人熟悉的东西包裹着新颖，我们还是会忽略它。只有我们既熟悉又新颖的事物才能够吸引我们，才能够让我们好奇。例如，我们想要告诉一名环卫工人一艘军舰有多大，如果我们只是说有几百米，他们一定不会感兴趣。但是，如果我们告诉他“有五层楼那么高，有一条街那么长”，他们一定会表现出极大的兴趣。

吸引他人固然很重要，但我们的最终目的是让他人接受我们的思想和看法。因此，当我们和别人交谈时，如果发现对方的注意力并不在我们身上时，或许只是因为我们忽略了对方的经验和体会，谈话中没有他特别感兴趣的东西而已。这时，以对方的兴趣为着力点，才能找到扭转和掌控局面的突破口。

成为对方更好的选择

“你们是希望让凯撒死，而你们大家过自由的日子，还是希望让凯撒活着，而你们都沦为奴隶终至死亡？你们所要选择的是什么？”这是布鲁图在杀害凯撒后的一场演说中的内容。

很明显，布鲁图的演讲迫使当时长老院中的长老们，必须从“自由”与“死亡”这两个选项中做出选择，没有其他可以选择的余地。很显然，自由比死亡看上去有更多的好处，也更有意义。最终的结果可想而知，长老院选择了自由，布鲁图也因此获得了胜利。

其实这是一种心理战术，使用的方法就是制造别无选择的困境，也就是只提供两个选项，而其中一个明显要好于另一个，而且没有其他的选择余地，于是便会让人们最终选择其中相对较好的一个，从而实现自己的意图。

在现实生活中，我们常常会面临一些选择，特别是会改变目前状态的选择。这时如果犹豫不决，便可能因为一时的摇摆

不定而失去宝贵的机会。为了帮助人们做出正确的选择，就可以将其引导至一个别无选择的境地。例如：你现在的工作是很稳定，但是如果你继续在这个公司待下去，也不会有晋升的机会。你是换一个工作，开拓新的人生呢，还是继续在这里虚度光阴？要强调两个选项中哪个更优，哪个更劣，有这样的一个对比，就更容易让人做出选择了。

使两个选项形成对比，强调其中一项的缺点或者优点，在一般的情况下，人们大概率会选择你希望他选中的那一个。因为已经没有其他的选择了，这时选择其中看起来更好一点的显然是最明智的。

在引导别人进行选择的时候，强调两个选项中某一个选项的缺点，能够更有效地引导人们选择另外一个。“不自由，毋宁死。”这是在美国还是英国的殖民地时，为了摆脱英国的统治，帕特里克说过的一句话。这句话被称为独立战争的宣言，这场战争对当时的美国人来说是非常重要的，因为如果战争失败，便会造成严重的后果。于是帕特里克就提供了两个选项，要人民自己做这个决定。而且这两个选项的对比非常强烈，使得人们都能做出最明智的选择。

我们可以把这个技巧运用到日常生活当中去。例如，你想与一个女孩约会，如果你说：“一起出去吃个饭好吗？”对方可能会回答：“不行，今天我很忙。”你继续问：“那你什么时间有空呢？”对方说：“不知道。”如果这样去邀请对方，便会给对方拒绝的机会，也就是让对方的思维进入了如何拒绝你的模式。如果将问题变为：“我们去吃个饭呢，还是去水吧坐坐？”如果对方说：“对不起，我很忙。”你可以说：“那我们去水吧坐坐吧，不会太花时间。”对方会说：“那好吧。”这样的说话技巧就剥夺了对方说“不”的机会，让对方选择了其中看起来较好的一个选项。

换位思考，赢得人心

弗罗曼能够成为“戏剧界的拿破仑”并非偶然，也绝不仅仅是靠他自身的努力。确切地说，是同伴们支持与齐心协力的奋斗，才造就了他的地位。只有人与人之间彼此关爱，才能更好地合作。情感是合作的基础，当同伴对他充满感情时，发生任何事他们都会心甘情愿地帮他，这是弗罗曼在21岁时感悟到的真理。

弗罗曼21岁时，经理皮尔辞职了，经理职位因此空了出来。当同事们听说这个职位将由一个外来人担任时，他们愤怒了，他们觉得弗罗曼是最佳的人选，他完全有能力承担这个责任。于是他们集体签了一个请愿书，并呈给了他们的老板哈维利，坚持要弗罗曼做他们的经理。

这一请求被哈维利接受了，当得知弗罗曼被提升为经理的时候，大家一阵欢呼。大家表现出的这种热忱让弗罗曼非常感动，远远胜过在后来他获得更大的

荣誉时所产生的感动。

想要得到他人无私的帮助，首先就要用自己的真心去换得他们的真心。在生活和工作当中，弗罗曼总是全心全意地去帮助同事们，从不计较回报。但上天是公平的，弗罗曼得到了他应有的报答。

弗罗曼总是对别人说，是同伴的帮助才让他取得了成功。

他相信一个人的成功，不在于周围的环境，而在于身边的人。如果身边的同伴愿意与他甘苦与共，无论结果如何，他已经成功了。

与人交流与合作要学会换位思考，要有宽广的胸怀。在被他人误解时，不要为自己做过多的辩解，要用实际行动来证明自己，当消除他人对自己的误解时，便会苦尽甘来。与人发生矛盾时，不要总在对方身上找原因，要多在自己身上找原因。同时，还要善于开诚布公地与他人进行交流，这样才能更好地赢得人心。

弗罗曼的经验告诉我们，应该多花些时间去培养与同伴的感情。因为一旦赢得他们的信任，他们便会在你陷入危难的时候帮助你。

这个想法是你自己的

小王想说服一个分部负责人更换一种新式指数表，但这个分部负责人是一个刚愎自用的人，他拒绝在自己的部门做任何改变。为此小王非常苦恼，后来，他决定用另外一种方式来说服这个负责人。一天，小王腋下夹着一个新式指数表，手里拿着另外一些文件去找他征求意见。当他们讨论文件的内容时，小王不断地把指数表从左腋换到右腋，反复多次。

终于，分部负责人问小王："你夹着什么东西？"小王假装随意地说："哦，是这个吗？这只是个指数表而已。"这个分部负责人想要看看小王手中的指数表，但小王假装要走，对负责人说："这是专门给其他部门用的，你不会想看它的。"这引起了分部负责人的兴趣，他对小王说："但我确实想看一下。"

小王又故意很"勉强"地将指数表递到了分部负责人手中。在他仔细端详这个指数表时，小王非常随便但却十分详尽地向他介绍了它的功用。

终于，分部负责人大喊了一句："谁说我们用不着？我找这东西可找了好长时间了！"

就这样，小王故意掩盖了自己的真实意图，十分巧妙地解决了原本棘手的难题。

让他人愉快地接受你的意见和计划的方法就是，让他们相信这个想法是源于他们自己的大脑，而非沿袭他人的思路。这是因为表达自己的思想是人们的一种本能，因此，只要让他人感到自己很重要，便能用暗示的方法不动声色地把自己的思想灌输到别人的大脑中去。这个方法无论是对我们的上司、下属还是亲戚朋友都是非常有效的，因为它能满足他人的"自尊心"。

林肯主持白宫时，正是用这种策略，很巧妙地利用了查尔·撒姆纳的虚荣心，才使他听信于自己的。林肯让查尔相信那些内阁早有定论的议案得以执行，是在查尔的谋划之下才得以实现的。

许多人都不愿承认在自己的计划中，他人曾对自己提过建议，哪怕这个建议再微小不过。因此，如果其他方法不奏效时，你可以运用一下这个策略。

如果想要引起他人对你的意见的注意，就要让他们以为这个意见是他们自己提出来的。同时，可以让他从基础的工作入手，虽然这些容易成功的事是很微小的，可他们却会因此而大受鼓舞，从而信心百倍地去执行你的意见。注意，要绝对地信任他们，这样他们才会不遗余力地去贯彻执行你的意见。

第三章

心理调节术

——自我调适的快捷键

同硬币有正反两面一样，人生也有正反两面——光明、幸福、快乐、希望是正面，黑暗、痛苦、绝望、愤怒是反面。选择反面，只能深陷失败；选择正面，才能迎来成功！

极简之乐

每个人在出生的时候都有一个空着的行囊，在人生的旅途中，我们会捡起许多东西。事业、爱情、财富、地位等，行囊渐渐地满了，而我们也因为在行囊里装载了太多的东西而感到沉重，快乐被我们丢在了行囊的外面。

从前有一个人去拜访一位智者。谈得正高兴时，他突然想起在来时路上看到的一件事，于是他问智者："什么是团团转？"智者略一思索，答道："皆因绳未断。"这个人大惊："我来拜访您的路上，看到一头牛被拴在一棵树上，牛想要离开那棵树，却只是绕着树团团转，您没看到却是怎么知道的？"智者叹道："人又何尝不是如此呢？世人因为迷恋各种俗务而被挟持，同样是给自己拴上了一根绳索。你问的是牛，而我答的是人的心。"

许多时候，人们感到自己不快乐并非因为不具备快乐的条件，而是因为内心有太多的杂念，活得不够简单罢了。

风筝不能像雄鹰一样翱翔于九天之上，是因为被一根细细的绳线束缚住了；骏马不能在草原上任意驰骋，也是因为一根细细的缰绳。人生没有十全十美，这是每个人都知道的道理，但知道未必等于明白。当我们因为一次失败而垂头丧气、不能自拔时，我们是在绕着心中的大树团团转；当我们因为不能官运亨通而沮丧时，我们也在绕着心中的大树团团转……因为有了这样或者那样的欲望，而使得自己的身心感疲惫，在追求"更多"的时候，我们已经忘记了欣赏旅途的风景。而疲惫的心灵也只能让我们前进的脚步越来越慢。

一个人如果背着一个很重的行囊爬山，必然会累得汗流浃背，只盼休息。他只想着旅途终点的玫瑰而忽略了路途中的风景。同样，在人生的道路上，如果你背负的东西太多，也会失去享受生活的美好心情。

有一个年轻人为了寻找快乐而踏上了旅途，可是他找了很久也没有找到快乐。为此，他找到了当地最有名望的一位智者，希望能从智者的话语中找到通往快乐的路。当他将自己的来由告知智者后，智者没有说话，只是将他带到一条大河边，指着渡船对年轻人说："我早就注意到你背上的行囊了，这里面都是对你很重要的东西吗？"年轻人将行囊放下，拍了拍说道："是啊，这里有我的孤独、悲伤、烦恼和痛苦，我正是靠着它们才找到您的。"智者又说："你乘船渡河后会将船背在身上继续赶路吗？"年轻人看了看渡船，说道："这么大的船我怎么扛得动？如果扛着它我就没法继续寻找快乐了啊。"

这时智者微微一笑："过河时，船是有用的。但过了河，我们就得离开船才能赶路，否则，曾经帮助我们的东西便会变成我们的包袱，你行囊里的东西让你更加坚强，但是如果你一直都不能将它们放下，它们便会成为你的负担。"

年轻人顿时恍然大悟，他放下行囊，告别了智者，继续赶路，这时他突然发觉自己在路途中变得轻松而愉悦了。

人生如一叶扁舟，如果负载太多，必将无法远行。只有将心灵的包袱卸下来，我们才能得到像孩童一般最纯真的快乐。像孩子一样，清理你的行囊，让它尽量轻便简单，这样，轻松快乐就不是什么难事了。要记住，只要学会放下，快乐和希望就在你的身边。

养成快乐的习惯

古希腊哲学家爱比克泰德有一句名言：让人苦恼的并不是发生的事情本身，对所发生事情的主观看法。

心理学家经过研究发现，当快乐时，我们的思维便会更加活跃，表现也更加出色，身体也更加健康。医学研究已经证明，快乐的情绪使我们的胃、肝、心以及其他脏器的功能都更加趋于良好。

快乐是什么？快乐是一种精神状态。在这个状态中，人的思想会在一段时间内享受着愉悦。快乐是无私的，当感到被人需要时，我们就会感到快乐。因为这说明我们对他人很重要，我们可以帮助别人得到快乐，而我们在付出的同时也就收获了快乐。然而，如果认为快乐是可以挣得的某种东西，或是将快乐看成因为付出而应该得到的奖赏的话，就很可能会因为希望得到快乐而变得不快乐。例如，你在公交车上给别人让了座，但是对方并没有对你的行为表示感谢，如果你这样做是为了得到对方肯定的话，你便会感到不快乐。要知道，快乐源于无私，

而非某种“回报”或是奖励。

如果我们没有办法活在当下，没有享受眼前的生活，而是坐等未来可能发生的事件的话，我们就永远无法获得快乐。如果我们只想着找到一份好工作、将购房贷款还清、熬到孩子大学毕业、将某项工作完成或是取得某某种成功的话，我们就会一直处于失望的状态，因为我们只有在达成上面的目标时才会快乐。如果不能学会“现在”就享受快乐的话，我们将永远都无法获得快乐的经历。

要知道，快乐不是建立在某个外在问题解决的基础上的，因为当你解决了一个问题，另一个问题便会出现。而我们的人生旅途就是由一连串的问题组成的，因此，如果想永远快乐，那现在就必须快乐，而不是“因为什么”而快乐。所以，当我们身陷悲惨处境时，只要我们不抱着消极的看法，就算不能完全变得快乐，我们也能让自己相对快乐些，而只有积极的心态才能让我们走出困境，走出人生的低谷。

人具有追求目标的能力，当人们在面对某个积极的目标并且为之奋斗时，人便是快乐的。爱迪生的实验室曾经被一把火烧得精光，有人问他：“你还有什么可以做？你的一切都毁了。”爱迪生回答道：“明天一早我们就开始重建实验室！”爱迪生始终都保持着积极的态度，他可能因为实验室的损失而感到沮丧，但绝不会因为“现在”的沮丧而放弃永远的快乐。

参加过电视台现场录像的朋友一定都有这样的经历，当主持人发出“请鼓掌”的信号时，每位观众都会开始鼓掌。当他又发出一个“请笑笑”的信号时，每位观众又都会配合地笑起来。在场的每位观众就像温顺的绵羊一样，主持人要他干什么，他便会温顺地做出相应的反应。不快乐的人也一样，当环境向你发出“快生气”或是“快变得不安”的信号时，不快乐的人便会做出相应的反应。

因此，只有让快乐成为习惯，你才会变成主宰者而非环境的奴隶，正如罗伯特·路易斯所说的那样：“快乐的习惯可以使一个人摆脱或是基本摆脱外界环境的支配。”

掌握快乐的生活法则

泰勒·本－沙哈尔博士的快乐法则：

1. 接受自己，无论优点还是缺点。面对恐惧、悲伤、焦虑时，与其痛苦不如坦然接受。

2. 快乐需要意义。无论工作还是生活，人们参与的活动最好既愉快又有意义。

3. 大脑说了算。你是否快乐，在大多数情况下都是由你的主观意识决定的。态度不同，心情自然也就不同。

4. 越简单越好。人们往往希望在相同的时间里完成更多的事情，但要知道：同样的时间里，数量越多质量越低，你可能会因参与过多活动而让快乐离你远去。

5. 身心都重要。坚持锻炼、充足睡眠，都会对身体和精神健康大有裨益。

6. 学会欣赏和感激生活中美好的事物。

我们无法选择命运，但可以选择对待命运的态度。我们无法决定生命的里程是多少，但却可以控制航船驶向不同的目的地。只要你的心中想着快乐，并努力地实践它，很快你便会发现，你追寻已久的快乐一直都停留在你的身边。

现实生活中有很多人是悲观的，他们普遍认为别人比自己乐观。抵抗疾病的第一道防线便是乐观，在生活中我们可以发现乐观的人很少得抑郁症。而在工作中，乐观的人所取得的成绩与社会地位都超过悲观的人。

其实，快乐并不是人们想象中的那样难以寻觅，只要你用心去发掘，你很容易便会找到快乐。可是为什么人们总是任其匆匆从眼前经过，却丝毫没有发现它呢？快乐的奥秘究竟藏在哪里呢？有些人说，快乐都是短暂的，但是他们忽略了作为快乐反面的痛苦也是很短暂的。要知道，快乐真正的敌人并非痛苦，而是厌倦与麻木。

国外的心理学家曾做过一个将手伸进冰水的实验，实验结果表明，在忍受痛苦的能力上，拥有积极情绪的人比一般人更强。普通人将手伸入冰水中只能忍受 60—90 秒，但拥有积极情绪的人则远远超过这个时间。

积极心理学认为，通过教育是可以形成乐观态度的，通过心理训练，悲观的人也可以转变成为乐观的人。下面是 4 个能给自己带来快乐的生活法则：

法则一：宽容仁慈。快乐的人普遍是以家人和朋友为中心的人，与之相反的是那些不快乐的人，他们都在一定程度上被冷落，因此你要善待周围的人，他们能够成为你快乐的源泉。快乐的人并不在意自己是否富有，因为他们知道与炫富的朋友、邻居做比较，并不能让自己拥有什么。他们追求的是个人成长，他们用自己的标准来衡量自己，不管别人做什么或拥有什么，更不去计较自己缺少了什么。

法则二：平静地对待失意。人活在世上，不如意的事情十之八九。心理学家彻斯认为，“顺其自然”的生命行为至关重要，即是说当人们在做一些非常有趣的活动，并且达到忘我的程度时，满足感就会出现。因为这时他们已经忘记了一切忧愁，于是，快乐的感觉便与他们不期而遇。生活的经验告诉我们，快乐就是乐天安命，一切顺其自然，便会水到渠成。

法则三：用心生活。心理学研究显示，放大一个成年人快乐的最好方法，便是把自己感激的事物说出来和写出来，而在生活中值得我们去感激的事情有很多，比如生命的伟大、明天的美好等。近年来，人们听到的大道理似乎有很多，但总结起来无论采用哪种方式，都是从身边的小事做起，往往在这些看似琐碎的小事情中，都蕴含着让人深思的大道理。

法则四：淡泊名利。问一下自己，为什么想挣更多的钱？只是为了生活富裕？或者是像大多数人说的那样，是为了幸福？人们之所以想拥有更多的金钱，最终目的便是拥有更多的幸福和快乐。也就是说，人们最终追求的不是更多的金钱，而是内在的幸福和快乐。

其实，财富只是人们获得幸福的因素之一，而且它所占的比例也并没有那么大。在现代社会中，资源是有限的，机会也并不平等，但是幸福和快乐却是我们每个人都能拥有的。细心体验你身边的快乐吧，只有它才是你触手可及的宝藏。

苹果里的五角星

有一天，在学校里，老师用粉笔在黑板上画了一个很大的白圈。然后，指着黑板问下面的同学：“你们看到了什么？”所有的同学都异口同声地回答道：“一个白色的圆圈。”老师惊讶地说：“你们只看到了白圈吗？这么大的黑板你们都没有看到吗？”同学们面面相觑。

为什么所有的同学都只看到那个白色的圈，而将一整块黑板忽略了呢？其实这就是思维的惯性。如果一个人受到惯性思维影响的话，在面对问题时他将按照既定的思路寻找答案。这种惯性思维并没有什么错误，但是如果一个人长期受惯性思维的控制，便会抑制一个人想象力和创造力的发挥。在遇到问题的时候容易将自己限制在一个圈内，让自己在原地踏步、钻牛角尖。

一位名叫埃利斯的美国心理学家曾经提出一个叫“情绪ABC”的理论。埃利斯认为，一个人不合理的信念才是引起情绪困扰的因素，而并非事件本身。在现实中，许多遭遇挫折的人，往往先是“想不通”，认为“自己倒霉”，其实这些都是当事人片面的认识和解释，而正是因为这种认识才产生了情绪的困扰。

在现实生活中，人们产生的烦恼和痛苦，常常与自己的情绪有关，或与自己看待问题的角度有关。同样在夜晚仰望夜空，你看到的是无边无际的黑夜，还是满天闪烁的繁星，都是由你看待问题的角度决定的。如果总从一个方面去看待某个问题，

在不转换思维方式的情况下，看到的永远都是“不幸”或者“倒霉”，这样你也就永远不可能高兴起来了。“幸运的人总幸运，倒霉的人总倒霉”，便是这样一个道理。

当你被领导批评了之后，你可能对领导恨之入骨，恨不得马上辞职走人。可是不行，你想要生活就需要工作。于是，你开始敷衍工作，对领导视而不见。时间一久，领导可能不再批评你了，可是你离失业也就不远了。如果你在被批评的时候换个角度想一想：领导会批评我，是因为看重我，是因为对我抱有期望，是为了让我有更大的进步。如果自己已经不再适合这份工作的话，领导何必要浪费精力对自己进行批评教育呢？直接让自己卷铺盖走人才是他应有的做法。

你看，这样一来情况是不是完全不同了呢？领导看得起你，你工作起来自然更加卖力。要知道，这个世界上没有傻瓜，领导看得到你卖力地工作，当时机成熟，升职加薪的名单里一定会有你的名字，这样想心情还能够不好吗？

如果你每天都沿着同样的路线上下班，难免枯燥乏味。如果在某一天下班的时候，换一条路线，你便会发现许多不同的风景。所以，换个角度去看待问题，是避免自己考虑问题走入死胡同的最好方法。

一个人是否聪明，应该反映在他调控自己情绪的能力上。一个人是不是善于调控自己的情绪，是从他能否多角度、多方面地分析和处理问题来判断的。只要你放下自己的偏见与固执，在遇到问题时能够从各个方面去观察、分析，一定会发现许多事情都存在着它的另外一面，有的时候你还能从中得到意外的惊喜。比如，你平时都是竖着将苹果切开的，但是如果你哪天心血来潮，将苹果横着切开，你便会发现它的横截面里藏着一个“五角星”，这是你以前从未发现的。瞧，仅仅是换了一种切法，你便发现了一个鲜为人知的“秘密”，这难道还不能让你的心情变好吗？

埃利斯还提出了“合理情绪疗法”，他认为，人是同时具有理性与非理性特质的，当人们按照理性去思维与行动时，便会产生积极的情绪，成为有效率的人，但是在运用非理性思考时，则会带来许多负面的消极情绪。

艾利斯认为，人的思维是借助于语言而进行的。人们若是不断地重复某种不合理的信念，便会导致其产生无法排解的情绪困扰。艾利斯认为，大多数人的思考并不合逻辑，比如：我刚刚犯了一个错误，这证明我不是完美的，可我应该是完美的啊！正是由于这些信念，让人们产生了罪恶感、焦虑、忧郁等负面情绪。

因此，想要调整自己的情绪，就必须建立一个新的思考模式。例如，当患有社交恐惧症的人进入人多的场合而感到脸红心跳时，他可以这样思考：“大家都没有注意到我吗？一定没有注意到我，这里的人这么多。”这样他就会明白，自己之所以会脸红心跳，完全是因为自己的原因，他人并没有注意到自己。

在经过多次训练之后，他便会慢慢地融入人群中了。

当遇到事情时，要及时制止自己用常有的惯性思维来思考问题，让自己朝另外一个方面去思考，这样便可以轻松地调节自己的情绪了。

我叫不紧张

宋婷是个21岁的女生，文静是她给人的第一印象，但有一个问题一直困扰着她。她平时与朋友聊天没有什么问题，但是一上台说话就会结巴，表现得很紧张。但是从台上下来后便又恢复如常。据宋婷自己讲，其实她本人是比较喜欢表现自己的，但是容易紧张这个问题抑制了这方面的发展。她经常给自己压力，有时接一个不太熟悉的朋友的电话都紧张。一遇到这样的事情，她就想要逃避。宋婷担心，这样下去会对将来的工作乃至生活造成很大影响。

首先，我们要搞清楚究竟什么是紧张。一般来说，紧张情绪是为了应对外界刺激与困难的一种准备，是一种有效的反应方式。适度的紧张可以使精神高度集中，以应付瞬息万变的环境，所以紧张并非全都是坏事。可是，长期持续紧张的状态，则可能扰乱机体内部的平衡，严重了便会导致疾病。

当今社会是一个节奏快、效率高、竞争激烈的社会，这就不可避免地给人们带来紧张和压力。心理学家认为，精神紧张一般分为三种状态，分别为：弱、适度、加强。从结果上来看，人们需要适度的精神紧张，因为这是解决问题的一个必要条件。但是，过度的精神紧张，却并不利于问题的解决。从心理学的角度来看，人若长期、反复地处于高强度的紧张状态中，就容易产生负面情绪，如急躁、激动、恼怒等，严重者会导致大脑神经功能紊乱，有损于身体健康。

快节奏的工作和生活，使人们的身体和意识时刻处于紧张的状态，甚至连睡觉的时候都无法完全放松下来。若长时间处于这样的精神状态，便会影响到身体的健康。如对心脏、肠胃等内脏造成严重影响，使内分泌系统紊乱，进而导致精神衰弱、头晕、头疼、心悸等症状。

要想缓解恼人的紧张情绪，可以从以下几个方面着手。

第一，调整心态。要想缓解紧张情绪，首先要做的就是降低对自己的要求。如果一个人事事都想要争第一、求最佳，那自然就会感到时间紧迫。如果能适当放低对自己的要求，不过分在意别人对自己的评价和看法，不过分强调自己的得失，心境自然会松弛许多。

第二，学会倾诉。当你感到紧张的时候不要藏在心里，应该找一个值得你信赖的而且大脑冷静的人倾诉。对象可以是你的亲人、挚友、老师等值得信赖的人。

第三，接受紧张。要正确对待紧张的状态，紧张是正常的，适度的紧张可以让你更加积极地应对遇到的问题，不要与这种情绪对抗，而应试着去接受它。如果紧张便承认它，并且正视这种情绪。这个时候你需要做的是问自己，我担心的是什么？最坏的结果可能是什么？为何会这样紧张？这样你便做到了正视这种紧张的情绪，从而能够冷静下来以从容应对。

第四，张弛有度。强迫自己持续保持高强度的紧张状态无疑是一种自我惩罚。当你感到紧张时，暂时放下手中的工作，站在窗边极目远眺。在工作之余参加自己比较喜欢的娱乐活动也是不错的做法，比如游泳、逛街、听音乐、爬山、聚会等。

第五，松弛训练。在空闲时做一些身心放松的活动，具体的做法是：

1. 找一个环境舒适的房间，放上一首节奏轻缓的音乐，采取一个自己感觉比较舒适的姿势，站、卧或躺下。

2. 闭上眼睛，排除杂念（如果有难度的话，可以集中注意力去想一个简单的物体），放松身体（慢慢地活动一下身体的关节和肌肉，直到感觉关节放松、肌肉松弛便可以了）。

3. 想象自己正飘浮在一个空旷空间中，然后用自己的想象力去丰富这个世界，比如一望无际的草地、开满鲜花的花园或者任何美好的东西。

4. 最后去观察这个世界的细节，比如叶脉的走向、花朵的颜色，闭上眼睛，随意地想象。

通过这种反复的松弛训练，你的紧张情绪就可以得到逐步缓解，从而使身心达到更加平衡、轻松的状态，精力更加旺盛，情绪更加饱满，工作的效率更高，生活也会更快乐。

小测试

你的紧张情绪适度吗？

下面的题目，请用是或否来回答。

1. 早上起床后头昏脑涨，喜静怕动；
2. 在学习和工作时不能集中注意力，时常弄不清主题；
3. 肠胃功能紊乱，经常胃疼或者拉肚子；
4. 嫉妒别人成功或者取得荣誉；
5. 在亲人面前，稍不顺心便大动肝火；
6. 稍微一运动便会出现心跳加快、胸闷等症状；
7. 食欲缺乏；
8. 处理问题时独断专行，听不进别人的劝告；
9. 脾气暴躁、怪异，人际关系差；
10. 想要得到某样事物而一时得不到，就感觉心里不舒服；
11. 平时容易产生疲劳感；
12. 难以入睡，即便是勉强入睡，也会被惊醒；
13. 沉默少言，郁郁寡欢；
14. 明知这件事是蠢事也要去做，而做后又懊恼不已；
15. 总是坐立不安，心烦意乱；

16. 离家上班总是有气无力，精神不佳；

17. 每到夜晚便感觉疲惫乏力，焦虑烦躁；

18. 每当遭遇意料之外的事情便会失去信心，焦虑不安；

19. 对别人的疾病格外留意，怕自己步其后尘；

20. 对一些小事情总是思来想去放不下；

21. 讲话浮躁、不稳重或言辞激烈；

22. 时常与同事争吵；

23. 时常追忆往事，且充满内疚感；

24. 总以无聊的事情打发时光，在节假日沉迷于牌桌或网络；

25. 周围有嘈杂的声音时心情烦乱。

结果分析

以上 25 题如有 10 题答“是”，则属于轻度心理紧张；如有 20 题答“是”，则属于中度心理紧张；如有 25 题答“是”，则属于紧张性心理疾病。

控制你的愤怒

25岁的赵强性格有些不稳定，总是与同事和朋友发生矛盾，而激发这些矛盾的往往只是一些很小的事情。比如，在与朋友外出游玩时，他会因为朋友的一句话而撇下所有人离开，让大家尴尬不已，而事后他又会恢复如常。这让他的朋友对他的性格感到很不知所措，因为不知道哪一句话就会让赵强大发脾气。赵强对此也很苦恼，因为这让他与同事和朋友的关系变得疏远。而他也会因为同事和朋友的渐渐远离而变得更容易愤怒。

美国心理学家韦恩·戴尔在《你的误区》一书中称，愤怒是指当某人事与愿违时做出的一种惰性反应。发怒的持续时间一般为一分钟到两天，平均为15分钟。愤怒有很多种表达方式：

1. 隐忍型。一般表现为："我很好，没事，一切都很好。"即使心中的愤怒如同一万吨火球那么大，也仍然给别人展现出一张笑脸，隐藏自己真实的情绪。

2. 嘲弄型。一般表现为："你迟到得正好，让我有一个小时的时间看完了这本杂志。"将内心的愤怒用一种拐弯抹角的方式来表达，而脸上还带着笑容。

3. 破坏型。一般表现为："你不让我吃，那我就扔掉所有的食物。"对内心的愤怒并不隐忍，而是用一种更加直接的方式表达出来。

4. 爆发型。一般表现为："你再这样就给我从家里滚出去。"当用这样的方式表达自己的愤怒时，必定是地动山摇，让旁人想要躲得远远的。

5. 自责型。一般表现为："她会跟我分手都是因为我的错，因为我做得不够好。"将所有的错误都揽到自己身上。

6. 习惯型。一般表现为："你就不能自己买一个？干吗老借我的？"这种愤怒不是针对某件事而产生的反应，而是出于一种惯性。如果你经常流露出这样的愤怒，那这些愤怒背后一定隐藏着一些你不曾留意或者正视的怨恨或者挫败，比如你的朋友受到奖赏而你自己没有。

愤怒对身心健康会造成巨大的影响。愤怒容易引起高血压、心脏病、胃溃疡、神经衰弱等病症。愤怒还会增加血管阻力，增加心脑血管的负担，甚至出现血压升高及心脏问题等。如果一个人经常生闷气，怒气郁结心头更容易导致疾病。另外，愤怒还会干扰人与人之间的思想沟通，阻碍感情交流，甚至会危及前途。

要想控制自己的愤怒，可以从以下几个方面着手：

1. 理智控制自己的感情，不要让别人的行为扰乱自己。“事与愿违”是一位不速之客，常常会引起我们的愤怒。对此，要冷静地思考，不感情用事。如果选择了愤怒，那就容易被别人控制，用愤怒来折磨自己。

2. 以适当的方式宣泄感情。遇到令人愤怒的事情，最好去读读书、看看电影、听听音乐、找知心朋友谈谈，都可以转移关注点，消解愤怒的情绪。特别是与朋友谈心，效果最好。

3. 要宽宏大量。允许他人根据自己的意愿来做选择，如果总是让别人按照自己的意愿去做事，那难免会感到事与愿违，进而感到愤怒。

4. 深呼吸并默数。研究表明，愤怒的持续时间不超过 12 秒，所以度过这关键的 12 秒，便变得尤为重要了。在愤怒时，请先深呼吸，或者在心中默数 10 个数。如果你非常愤怒，那就数到 100。同时，在数数的时候不要 1—10 顺着数，而是以 1、4、7、9、12 这样的方式数。当你做完的时候，你会发现，其实你已经没有那么生气了。

小测试

你的怒气可以控制吗？

如果以下某一项描述符合你的情况，得 1 分，否则不计分。

1. 在工作中，你发现自己常常言不由衷；

2. 为了使自己平静下来，每天都会不断地抽烟或者喝酒；

3. 有人告诉你，你需要平静些；

4. 感到入睡有困难；

5. 大部分时间你都感到很紧张；

6. 当感到坐立不安时，你会通过读书、睡觉或者看电视等方式来将自己与世界隔绝；

7. 有人告诉你，不要再这么喊叫了；

8. 你经常感到别人没有在听你说话，或者感到被人误解了；

9. 朋友来找你的次数大大减少了；

10. 你的亲人或朋友反复告诉你，你在伤害他们的感情。

结果分析

0—2 分：你的怒气可以得到控制。让自己好好放松一下，或者做一些专门的放松训练。

3—5 分：经过努力，你的怒火还是可以“熄灭”的。你要知道是什么打击了你，要学会应付来自外界的压力。

6 分以上：你的怒气失去了控制。你可以通过学习专门的制怒办法来改善目前的情况。

打败冲动的小恶魔

27岁的王明在一家外企工作，上个月通过相亲认识了一位小他一岁的女孩。在王明的热烈追求下，两人结了婚。但事情却发生了根本的变化。两人住到一起没几天，便开始因为琐事而争吵。在一次争吵中，王明冲动地打了妻子，最终导致了婚姻的破裂。

人们通常认为冲动是负面的情绪，但是当冲动的行为带来了好的结果时，人们便会用另一种方法加以赞扬，比如“当机立断”“英明果断”等。而实际上，冲动也是人们正常行为举止的一部分，冲动是生命的一种特性，是与生俱来的，没有一定的冲动做后盾，我们的祖先就不可能在恶劣的外部环境下生存下来。

心理学家指出，给人们带来益处的冲动是有价值的，病态的冲动则会对我们的工作生活带来不必要的损害。那怎样的冲动才是病态的呢？在特定的环境下，有的人在要求得不到满足的情况下，冲动便会转变为病态的类型，通常表现为：做事不假

思索、行事草率、鲁莽或具有攻击性。而易出现病态冲动的人对容易上瘾的事物缺乏抵抗力和自制力，如容易沉溺于酒精或者上网等。

容易冲动的人对自己缺乏信心，而且通常没有一个长期的目标。他们的行为突兀而直接，没有计划；行动与想法之间所隔的时间非常短暂。冲动一般是由怨恨和不满长期郁积于胸，无法排遣，而外界又恰巧出现了刺激时产生的，尽管有时这个刺激是那么微不足道。

既然病态的冲动会给我们的工作和生活带来这么多的不利影响，那我们就应该想办法消除这种病态的冲动。

1. 遇事要冷静。当发觉自己已经处于冲动的情绪中时，首先要调动理智控制自己的情绪，让自己先冷静下来，尽量使自己不陷入鲁莽、轻率的被动局面。

2. 注意力转移法。科学家研究发现，人在遇到不满、愤怒、伤心的事情时，会将不愉快的信息传入大脑，逐渐形成一个优势中心，也就是说会越来越气愤或者伤心。如果马上转移，向大脑输入一些愉快的信息，就会有效地抵御不良的情绪。

3. 自我分析。对自己进行分析，找出自己冲动的表现，然后有针对性地培养自己的自制力。培养自制力可以从日常的小事着手。生活中的许多小事是微不足道的，但正是这些微不足道的小事却影响到一个人的自制力。比如当遇到困难想要退缩的时候，马上告诉自己，坚持下去，一切都会好起来的。工作没有完成却想要玩游戏时，马上警告自己并管住自己。制订一个长期计划，养成今日事今日毕的习惯。

4. 执行计划。对决定的事情不轻易改变，如果在执行过程中放弃，会极大地削弱自己的自制力。

小测试

你容易冲动吗？

请从第一题开始回答，选出你较喜欢的选项，再依指示前往下一题继续回答。

1. 你是否喜欢游泳呢？

不喜欢，其实我有一点怕水（转到 2 题）。

喜欢，游泳是唯一让全身都能得到锻炼的运动（转到 3 题）。

2. 如果你必须找人问路，你会选择？

找同性或是长辈来问路（转到 4 题）。

不会有特定的对象，或是找长相好的异性来问路（转到 5 题）。

3. 如果你正要出门，碰巧遇到风雨大作，你会？

还是出门，难得老天爷掉眼泪（转到 4 题）。

算了，干脆等雨停了再出去好了（转到 7 题）。

4. 夏天天气实在太热了，这时一瓶清凉饮料摆在你面前，你会？

当然是一口气把它喝完（转到 8 题）。

慢慢喝，总有喝完的时候（转到 6 题）。

5. 如果不小心，让你目睹一场血淋淋的车祸，你可能？

会有点不舒服，可是还是会继续围观（转到 6 题）。

会感觉恶心，转头就走，不会看下去（转到7题）。

6. 如果经济情况许可，你会选择怎样的穿着？

会买好一点的衣服，但不会刻意追求名牌（转到9题）。

应该会买名牌，毕竟质感好且较有保障（转到10题）。

7. 你是否常常有忘记钥匙放在哪儿或忘了拿钥匙的习惯？

有，感觉次数还不少呢（转到9题）。

很少，平时会特别留意（转到11题）。

8. 你是否曾经为了偶像公布恋情而难过不已？

心真的很痛，没想到他竟然就这么被“抢”走了（转到9题）。

还好，一开始就知道彼此不可能，影响应该不会太大（转到10题）。

9. 你是否有美术天分呢？

没有，不是美术白痴就不错了（A型）。

有，虽然没受过训练，但总觉得有那样一份审美（转到10题）。

10. 你看电视时，是否很容易入戏？

是啊，明知道是假的却还是哭得稀里哗啦的（C型）。

还好，能感动我的电视剧其实并不多（转到11题）。

11. 独自一个人居住，你在家里会穿什么样的衣服呢？

反正没人知道，什么样的衣服都无所谓（B型）。

不会太随便，还是会维持一下形象（D型）。

结果分析

A 型：做事谨慎，不易冲动，但却极易受到别人影响。

B 型：陌生时会给他人一种严肃的感觉，然而熟悉后便会将家中大小情形告诉他人。

C 型：活泼开朗的阳光型人物，常常会在不知不觉中将一些不该说的话脱口而出。

D 型：你的言行举止都是经过思考的，冲动指数非常低。

十全九美也很赞

李超是大一学生，每当新生入学的时候，学校便会举行迎新晚会，让新生展示自己的才艺，以快速地融入集体中。李超长得其貌不扬，身材也是班中最矮小的一个。在晚会上，李超充满激情地发表了他的演讲："拿破仑的身高只有一米五九，伏尔泰有着一只巨大的鼻子，法国国王路易十四有着肥厚的嘴唇，塞万提斯有着一双招风耳。瞧，我身上集合了这些伟人的所有特点。比起拿破仑，我高了4厘米，我有与伏尔泰一样的大鼻子，还有着与路易十四一样的厚嘴唇以及塞万提斯的招风耳。我的这些特征迟早也会被载入史册。"当李超做完他的演讲走下讲台时，台下爆发出经久不息的掌声。

每个人都有缺点，世界上不可能存在十全十美的人。可在生活中，有很多人总是想方设法地掩饰自己的缺点，无法坦然地面对它们。人不能怕有缺点，只要我们用正确的态度去面对缺点，克服自身的种种不足，人生便会走向更纯粹的境界。

还有一群人，他们不停地为自己制造烦恼，时常为那些微不足道的事情生气，比如别人的一个玩笑或者一句无心的话，就好像任何事情都足以让他们暴跳如雷。在人际交往中，如果我们总是睁大眼睛去寻找别人的缺点和不足的话，那我们就永远不能对一个人感到满意。这时，如果我们用宽容的心态去看待别人的缺点和不足，那么也就相当于给自己一份轻松。想要让自己在与人交往时的顾虑减少一些，就只有怀着坦然的、单纯的心态去对待身边的人和事。

面对缺点，无论是自己的还是他人的，不妨都将一只眼睛闭上，这样你才能找到更多快乐的理由。心理学家认为，因为现代人的思维把事情扩大化、复杂化了，所以，现代人活得很累，焦虑、烦恼便由此而生。这个世界上本身并没有烦恼，是因为我们把自己的主观意志强加在这个世界上，才制造出了这么多的烦恼。当你以单纯的态度去看待周遭的一切时，你会发现世界根本没有那么糟，事情本不像我们想象的那样复杂。其实，这个世界是非常简单的。

除了人自身的不足，生活中还有很多遗憾的事情，需要我们以宽阔的胸襟来包容。有的人喜欢与人比较，一旦发现自己在某方面不如别人，就寝食难安，这是完全没有必要的。无比较，则安乐。人们总是认为别人拥有的就一定是好的，其实这并不对。记得小时候读过一个故事，讲的就是这个道理。

有个人看到别人在骑自行车，便想如果自己能有一辆自行车就好了，于是他买了一辆自行车。当他在路上骑着自行车时，他又看到别人骑着摩托车从身边呼啸而过，于是他又羡慕这位骑摩托车的人，没过多久他也买了一辆崭新的摩托车。可是没过几天，下起了雨，他又羡慕那些开着汽车的人，他想，如果有汽车我就不会被雨淋到了，到了冬天我也不会冻着了，于是他又买了汽车。可烦恼又来了，他开车时经常被堵在路上，耽误事。一怒之下，他将车熄了火，走下车来。这时他发现，一群步行的人笑着从他的身边经过。

这个故事告诉我们，盲目的羡慕和攀比是自寻烦恼。有些人从表面上看令人羡慕，但实际上他们都有不为人知的苦衷。所以，缺陷和不足是生活的一部分，坦然地接受它们，我们的人生会更快乐。

喜欢我吗？请随意

有一位画家想要画出令所有人都满意的画。画好后，他拿到市场上展出，并让认为此画有欠佳之笔的观赏者在画中做标记。晚上，画家取回了画，发现整幅画都涂满了记号，没有一处是不被指责的。画家十分不快，感到非常失望。

第二天，他决定换一种方法试试。他临摹了一幅同样的画，拿到市场上去展出。这一次，他要求每个观赏者把认为最好的那一笔做上标记。整个画上又涂满了标记，前一张上所有被指责的地方，如今都布满了表示欣赏的标记！

画家不无感慨地说道："我发现了一个真理，那就是，无论我们做什么，都不要想让所有的人满意，所以只要让一部分人满意就够了。"

在现实生活当中，无论你付出了多少努力，就算你觉得自己已经做到完美，也总会有人不喜欢你。这是因为每个人都有自己的喜好和看法，都有自己的价值观和看问题的角度。我们无法要求所有人都赞同自己的观点，我们也无法抹杀所有人的思想。

我们都渴望得到别人的认可。比如，我们今天穿了一件新衣服，听到别人的赞美便会心中暗喜，就算没有人注意到我们的新衣服，我们也会主动问别人的看法。如果是得到了一片赞扬声还好，但如果其中有人表现出不屑，那么原本愉快的心情立马就会消失不见，甚至迁怒于人，从此在心中生出芥蒂。

有一个士兵当上了军官，每当行军时，他总喜欢走在队伍的后面。在一次行军过程中，有人取笑他说："你们看他，哪像一名军官？倒像是一个放羊的。"军官听到后，便走到了队伍的中间，这时又有人讥讽他："你们看他，哪像一个军官？你看他躲到队伍的中间去了，十足的胆小鬼。"军官听后，走到了队伍的最前面，这时又有人挖苦他："嘿，你们瞧，看他高傲的样子，还没有打一次胜仗就走到了最前面，真不害臊。"这名军官听了非常苦恼，为什么自己走在什么位置都会有批评的声音呢？

无论我们怎么做，都无法得到别人百分之百的肯定，所以不必苛求自己，不要因为别人的批评和指责而气愤不已，更不要因为别人的言论而迷失自我。其实，我们生活在一个错综复杂的世界里，没有一个人能够完整地认识我们。因为人们都生活在自己所感知的世界当中，所以别人对你的认知就如同哈哈镜一般变形扭曲，怎么能够奢求所有的人都对你满意呢？

在日常的工作当中，各种流言蜚语会无孔不入，如果在乎别人对自己的每一句评价，就会被他们搞得心乱如麻。因为，如果你希望每个人都对你感到满意，你就必须把每一件事做到尽善尽美、完美无缺，可真正的完美是不存在的。完美是一种不切实际的期望，它只会让人背上沉重的包袱，让人失去享受生活的心情和机会。

事实上，很多人为了迎合和讨好别人，而在不自觉中迷失了自我。没有人能赢得所有人的喜爱，你也一样，所以请允许有人不喜欢你，这很正常。

歌德曾说："每个人都应该坚持为自己开辟道路，不被流言所吓倒，不为他人的观点所牵制。"因此，想要获得真正的快乐，就只有常听听自己内心的想法，而不是过多地关注别人的想法，这样快乐便会不期而至。

不要被自己的情绪奴役

在现代社会中，会有许多事情破坏我们的情绪，而学会控制情绪，就成了一个人生存在现代社会所不能缺少的素质。那如何才能控制、调节自己的情绪呢？

情绪是产生各种身体和心理疾病的重要因素之一，它是由人的认识所影响的，如果一个人产生了错误或不现实的认识便会导致异常的情绪反应，想要改善情绪反应并消除焦虑症状最好的办法就是矫正认识。我们可以通过改变自己的认知来化解负面情绪，用理智去分析负面情绪产生的情境，并找出消极情绪的症结所在。

克制是当你工作遇到不顺心的事情，或受到挫折、怒从心头起时，应对内心烦躁不安的好办法。感觉精神紧张时，你可以做深呼吸来放松自己。深吸一口气，然后默数 7 秒钟后，慢慢地呼出来，同时告诉自己“我行”，四五次之后情绪便会稳定许多。

如果你是一个脾气暴躁、易怒的人，那在你压制不住自己将要爆发的怒火时，最好先将自己锁在房间里，寻找一些发泄的方法，比如发狠猛撕几张报纸或无用的书；或将一些不易碎的如枕头一类的物体，扔在地上或者墙上等，以此使自己尽快清醒；也可以找个合适的对象去倾诉，将自己的情绪、困扰自己的事情倾吐出去。

如果一时找不到合适的倾诉对象，也可以给过去的同学或者远方的朋友写一封邮件。写信的好处是可以用有条理的语言对内心的挫折进行描述，以理顺自己的思绪，而又不必考虑远在天边的朋友的表情和反应。等信写完，你可能就会觉得，自己的挫折并不算什么，已经没有把信寄出去的必要了。你会发现，给朋友写信的这个行为本身，可以促使你反思并化解愤怒。

实践证明，睡前做适量的运动可以让我们睡得更加安稳，这是因为适量的运动能让我们的心情保持轻松愉快的状态。就像运动时流汗一样，在排除汗液的同时，不健康的情绪也被我们排除到了身体之外。这样，我们的烦恼和忧愁都会被抛到九霄云外了。

安抚内心受伤的小孩

在学会自我控制和调节自己的情绪之后，我们还要进一步找到自己性格缺陷的根源。想要做到这一点，便要追溯到我们童年的经历。

我们看待世界和他人的方式与人生最初几年的经历有着非常紧密的联系。它甚至影响着我们成人后的人际关系和爱情观。在孩子受伤时，如果没有人察觉并帮助他们抚平伤痛的话，那伤痕就会在孩子的心里深深地留下烙印，积累到一定程度时便可能导致孩子的心理停止发育。当然，一部分停止发育不表示整体都停止，没有受到伤害的部分将继续发育，但是这样会致使心理发育不均衡。这就是形成“大孩子”的一个重要原因。

在这个世界上，不曾受过任何伤害的孩子是不存在的，一些人因为小时候渴望得到母亲的关爱和照顾，害怕受到母亲的伤害，在成年后，也会希望得到周围人的爱和关心，担心他人抛弃和伤害自己。正是这种心理，让这些人对他人的语言和行为非常敏感，从而经常会产生过激的反应。

了解了痛苦和问题的根源，还只是达到了“认知上的洞察”，也就是说只是了解了自己的不安和恐惧源于过去。想要解决问题，还必须做到“情感上的洞察”，也就是体会到问题的原因，并且释放出所有的伤心和恐惧。要想在人格上完成实质性的改变，需要经历一个漫长的过程。

只要认识到了问题的所在，便已经拥有了一个良好的开始。当再次经历同样的痛苦和烦恼时，我们就会明白：内心的那个曾经受伤的小孩又想要支配自己了。如果我们的亲友遭受了痛苦的煎熬，那我们会安慰他，会告诉他一切就要过去了。这种方式我们也可以用在自己身上，我们可以告诉内心那个受伤的小孩：我已经成年了，已经不再软弱，我是个可以主宰自己生活的、能够从容应对各种问题的大人了。所以，只要弄清楚一直纠缠着自己的是过去的什么经历，然后想方设法地面对和疏导，就可以获得身心上的自由。

给自己积极的心理暗示

所谓心理暗示，即用含蓄、间接的方式，对别人的心理和行为产生影响。暗示会使别人不自觉地或者不加批判地接受一定的意见。

心理暗示可以创造奇迹，也可能导致灾难性的后果。第二次世界大战时，纳粹军队在一个战俘身上做了一个残酷的实验：将战俘四肢捆绑，蒙上双眼，并告诉战俘："现在将对你进行抽血！"被蒙上双眼的战俘只听到血滴进器皿的嘀嗒声。战俘哀号一阵之后气绝身亡。其实，滴血之声乃是自来水声模拟的。真正导致战俘死亡的，是"抽血"的暗示：耳听血滴之声，想着血液行将流尽。也就是说，杀死战俘的是死亡的心理暗示。

在生活中，我们应该接受积极的心理暗示，拒绝消极的心理暗示。在灾难面前，人们会安慰自己"会过去的，很快就会过去的"；当为某个目标而努力时，人们会憧憬目标实现后的美好情景，在幻想中体现成功后的喜悦心情，这些就是积极的心理暗示。

要学会识别、拒绝消极心理暗示，并自觉地给自己一些积极的心理暗示。心理暗示运用得好，可以让一个人自信、坚定、心情愉悦、斗志昂扬。正所谓："说你行，你就行，不行也行；说你不行，你就不行，行也不行。"

对自己进行积极的心理暗示的方法有很多，以下便是一些心理暗示的实用技巧：

1. 用积极、精练、有力的语言给自己暗示。美国心理学家马克斯威尔·马尔兹认为，我们的神经系统是很'蠢'的，你用肉眼看到一件喜悦的事，它会做出喜悦的反应；看到忧愁的事，它会做出忧愁的反应。因此，当我们用积极的语言给自己暗示的时候，我们就会拥有一种积极的、向上的心理状态。要注意一点，用来暗示自己的语言必须是精练、有力的。例如，"我行""我前进""我身体棒""我心情愉快"等。相反，那种冗长、讲究逻辑、论证性的语言则只能是一种"大脑游戏"。

2. 找到适合自己的肯定方式。一种肯定性的暗示或许适合某些人，但对其他人可能没有任何效果。所以，要寻找适合自己的肯定性的暗示方式。例如：不要说"我不再郁闷了""我不再自卑"，而要说"我快乐""我自信"。

3. 用现在时的语句而不是将来时的语句给自己暗示。不要说"我能行"，而要说"我行"；不要说"我会快乐"，而要说"我快乐"。

4. 选择最佳的时间给自己暗示。当我们的大脑处于半意识状态时，是潜意识最愿意接受意愿的时刻，这时来进行潜意识的接收工作是最理想不过的了。所以，在睡前或醒后花上几分钟时间，这时躺在床上，全身放松，然后在内心里对自己用积极的语言进行暗示。

5. 暗示要反复进行。无论什么见解、计划、目的，只要以强烈的信念和期待进行多次反复的思考，那它必然会置于潜意识中，成为积极行动的源泉。只有反复地给自己积极的暗示，你的内心才会接受这种观念，从而充满自信。

6. 进行心理暗示时，要明白我们是在创造新的事物和体验，而不是摒弃旧的事物和体验。否则的话，就会引起内心的冲突和矛盾。就是说要接受现状和我们已有的情绪，包括消极的情绪，在此基础上去创造崭新的自我、崭新的体验。

内向型竞争力

有许多人认为自己的性格比较内向，不擅长人际交往，认为这是自己成功道路上的一大障碍，并且为自己内向的性格感到自卑，想方设法要改变它。实际上，“外向的性格好、内向的性格不好”的想法本身就是错误的，这两种性格并不存在优劣之分，它们的不同之处在于理解和适应世界的方式，这是由每个人不同的特质决定的。

外向型的人习惯于从外界寻找答案，因此外部的一切刺激他们都会随时关注。他们活泼开朗、善于交际，他们懂得如何才能建立起良好的人际关系，并从中获得力量，处理事情的速度也比内向型的人更快。总而言之，他们获得生活能量的方法是通过与外部世界的频繁接触。

与之相反，喜欢独立思考是内向型人的典型特征，内向型的人习惯从自己的内心寻求答案，所以在得出结论之前，他们会先收集大量的信息进行综合比较。内向型的人虽然办事速度比较慢，但是他们做事沉着、考虑周全，处理事情比较可靠。此外，他们的注意力和耐心也很出色。

然而，因为外向型的人比较活跃，对外部环境的变化能够迅速做出回应，拥有广泛的人际关系，也更加容易适应迅速变化的现代社会。根据调查，外向型的人与内向型的人的比例在三比一左右，外向型的人明显较多。在这种环境下，内向型的人每天都会感受到一种无形的压力，迫使自己必须像外向型的人那样思考和行动，这是因为内向型的人很容易被认为在人际关系上不够积极，不能很快地适应社会生活。

但内向型的人也有很多优点。例如，内向型的人会一直坚持下去，所以成功的概率会很高。认为只有外向型的人才能取得成功的想法显然是错误的。人们大多认为外向型的人做销售容易成功，其实不然。有统计数据显示，在优秀的销售人员中，内向型的人占 80%。虽然内向型的人无法用诙谐、生动的语言来吸引别人，但是他们也能通过发挥自身的优势来获得成功。

因此，没有必要对自己内向的性格感到自卑，也不需要有改变自己内向性格的压力。运用自己性格上的优势，同样可以开辟出成功的人生道路。只要清楚地了解自己的个性特质，正确地选择符合自己个性的事业，就会减少通往成功道路上的阻碍。

著名漫画家蔡志忠说：“做人最重要的就是要了解自己。有人适合做总统，有人适合扫地。如果适合扫地的人以做总统为人生目标，那只会一生痛苦不堪，受尽挫折。”所以，内向的人应该对自己有信心，只要有了明确的、适合自己性格的目标，通过努力一定会取得成功。

想象——最经济的解压方式

莎士比亚说：“想象可以使人成为万物之灵。”事实上也的确是这样，发明飞机是因为人类想要像鸟儿一样在天空中翱翔，发明望远镜是因为人们想要看得更远，如今这丰富多彩的世界正是人类的想象力所创造出来的。想象也是人们缓解精神压力便捷、有效的途径之一。

有一句话说：看一个人是不是沉浸在幸福之中，就要看他清晨睁开眼睛的那一瞬间。如果你观察过，那你会发现，儿童在睁开眼睛的时候，脸上总是带着笑容的，而年龄越小的儿童，脸上的笑容就越深。生活对于他们来说是那么美好。人们的负面情绪并不是天生的，而是在社会中后天学到的。人们往往对负面的东西记得很牢，而生活中不利于成长的东西又太多。

人们在一天天地长大，生活的压力也在一点点增加。于是，我们的想象力渐渐地萎缩了，每天奔波在单调乏味的城市中，早已忘了我们的大脑中还有一个美好的世界。如果你也是这样的状态，那就开始改变吧。

想要改变情绪，就要在心中建立一个积极的富有生命的世

界，你会在这里正地快乐起来，真正地享受生活。最省力、有效的改善心理状态的方法就是想象，而想象是我们与生俱来的能力，在我们的童年时期，玩“警察抓小偷”、玩“过家家”都是极其具有想象力的活动。不要怀疑，想象力就存在于你的大脑中，等待你去开发。

情景想象法是一种很好的减压方法，它能让人重新产生积极的形象和情绪，消除心中的负面情绪，从而让我们焕发出新的活力。情景想象法就是利用语言上的暗示和实际材料在脑海中进行“想象”的方法。

例如，在你有烦心的事又找不到宣泄出口的时候，你可以将这些烦心事想象成黑板上的字，然后想象自己拿起黑板擦，将黑板上的字一个一个地擦掉，直到感觉自己心里也是一片空白。当心里一片空白的时候，就想象自己进入了一个美丽的世界，那里有世间一切美好的事物。例如，你可以想象自己在一个世外桃源散步，尽可能地将这个世界想象得具体一些，越具体越好。这样，你的心中就会建立起美好的意境，而它会让你轻松下来，让你的内心可以得到净化和放松。

在你感到压力或者遇到问题时，也可以通过想象来驱除。例如，许多人都会惧怕演讲。那你可以在演讲之前，对着镜子，在脑海中将演讲的场面想象出来，想象一群人在听自己演讲。这时，反复朗读自己的演说稿，直到打动自己为止。经过这样的训练后，当你企盼、憧憬的情景被唤起时，你便会受到激励，情绪也能够安定下来，整个人也能获得自信。

我们可以运用想象力为自己建造一座内心的圣殿。内心的圣殿指的是，在心中营造一个适宜的心理环境，让我们随时都可以进入。因为我们完全能够按照自己的意愿去创造它，所以这座圣殿应该是放松、宁静、安逸的场所。在这座圣殿中，我们可以让心灵得到充分的休憩。

其实，建造一座舒适的内心圣殿并不难。首先，让我们在一个舒适的位置上放松并且将双眼闭上，然后开始想象自己身处于一个美丽、安宁的自然环境之中，这个地点并没有限制，只要它能吸引我们就行。想象自己在山顶、在森林中、在海边，甚至在海底都可以，只要让自己感到舒适、愉快。接着让我们巡视这里，注意一切细节和声音。

从此以后，这里便是我们心目中的圣殿。只要我们想去，在任何时候只要将眼睛闭上，便可以到达那里，无论在任何时候，我们都将从那里得到放松与宁静。

或许在一段时间以后，我们会发现自己的圣殿自发性地发生了一些变化，或者我们也可以在那里尝试改变或者增加一些东西。在这座只属于自己的圣殿中，我们可以发挥出自身无穷的创造力，但是请一定记住，不要让圣殿中的宁静、和平和绝对安全的氛围消失。

正如杜格尔德·斯特尔特说的，人类活动最伟大的源泉是想象才能，它是人类进步的主要动力。如果这种才能被毁坏了，人类将停滞在野蛮的状态之中。发挥自己的想象力吧，它能给你带来快乐和力量。

要知道，想象的力量有时会超过意志的力量，因此用想象来对付精神压力和不良情绪，将会有非常好的效果。相信每个人都想象过将自己憎恨的人踩在脚下的情景吧，在想象中发泄后，我们的情绪便会好很多。用想象进行自我调节的方法很多，这里介绍三种比较有效的方法。

视觉形象想象

1. 将紧张和松弛相互作用的想象在脑海中反复演练。首先闭上眼睛并且放松身体，把你的紧张或烦恼想象成一种东西，稍作停顿后将松弛想象成另一种东西，再让它们相互作用，使紧张消除。例如，你可以将紧张想象成一块冰，而把松弛想象为太阳，太阳会将冰块融化。

2. 用颜色的变化象征紧张的消失。先闭上眼睛，想象你身体里有许多光团。例如，红色的光团代表紧张或者痛苦，蓝色的光团代表的是松弛。在脑海中想象光团的其中一个渐渐地由红色变蓝色。稍作停顿后，再将你看到的所有的光团变成蓝色，这时你便会感到身体的松弛。

3. 运用想象让肌肉放松。当我们因为紧张使胃部感到不适时，我们可以想象，胃被绳索捆住了，当被捆住的画面形成后，开始想象这种束缚正在慢慢地解除，胃部逐渐得到放松。当所有的束缚都消失了之后，我们便会感到胃部的舒适了。

指导性想象

找一个让自己感到舒适的地方，闭上眼睛，呼吸均匀，试着去感受身体的变化。

1. 积极追忆。闭上眼睛，回想今天的开头，如我们起床时的情景，感觉是怎样的。回忆起来后便对自己说："我没有办法改变它，就让它消逝吧，这是过去的事情了。"用这种回忆的方法将一天中自己在各个时段的感受回想一下，然后对自己说："让那些感受消失吧，我并不需要它。"这样紧张和压力就会得到有效的缓解。

2. 应付未知的感觉。闭上眼睛，想象自己正处于黑夜中的茫茫森林，你的脚下只有蜿蜒曲折的小路，并且你迷路了。这时体验一下自己身体有什么部位是紧张的，保持这种感觉，在一分钟之后，再在想象中寻找逃出这个让你感到紧张的森林的方法。在逃出森林的过程中，体会身体的紧张在慢慢减少时的感觉，直到你摆脱这种困境。你身上的紧张会慢慢消失，这时的你是松弛、安全、舒适的。

音乐想象

听音乐是人们最常采用也是最普通的让自己松弛的方法之一。因为性格和环境的影响，每个人都会赋予音乐一种只属于自己的意义。在音乐的选择上，你需要选择能让你感到宁静的和缓音乐。可以制作一份能够半小时连续不断地让你感到轻松的音乐清单。

找一个舒适的姿势，比如深深地陷入沙发中。坐好后闭上眼睛，用意念扫描身体，注意哪些部位是紧张的，哪些部位是松弛的。在聆听音乐的同时，注意自己的心境，每当与之无关的思想进入脑海时便丢开它。等音乐结束时，再用意念扫描全身，你会发现有所不同。

放松的心情可以让你充分地休息，以充沛的精力来面对第二天的学习和工作。在睡觉前做以上训练，可以让你的睡眠更加充分，也会让你的身心得到彻底的放松。

想象“脱敏”练习

这里说的脱敏，指的是运用心理学的方法来减少负面情绪所带给人们的影响。这是一种应对紧张、焦虑和痛苦的有效方法。它的主要内容是，通过对现实生活中的挫折情境和让自己感到紧张、焦虑和痛苦的事件的预演，学会在想象的情境中放松自己，从而达到在真实的挫折和紧张场合有效应对各种不良的情绪反应。

1. 学会有效地放松，这是利用想象脱敏的基础。可以先练习放松，达到 1—2 分钟内完全放松，将紧张排除出去即可。

2. 把挫折和紧张事件按等级排列出来。在纸上把可能引起你焦虑和紧张的事件，包括目前遇到的和可以预见到的将来可能会遇到的事件全部罗列出来，最好能举出 20 个左右，它应该包括各种不同性质的事件。在完成这一步后，给这些让自己感到紧张的项目打分：完全不紧张的打 0 分，最紧张的打 100 分，其他项目根据自己的体验，把分数定在 0—100 分之间。注意，每个项目之间的分数差距应大致相等，如都相差 5 分，然后按照分数的高低，从低到高地将它们排列出来。

每个使你感到紧张的项目描述应当简单扼要，如睡过头了，5分；明天参加考试，10分；父母的责骂，15分；工资即将花完，100分。

3. 脱敏想象练习。根据等级表引起紧张，然后再消除紧张。从分数最低的第一项目开始，在脑海中想象你所描述的情境，并且使情境保持30秒左右。当感到身体出现紧张感时，便开始做放松练习。当连续两次想象同一个项目而没有紧张时，便可以进入下一项了。用同样的方法将你所列出的会引起你紧张的项目一一克服。最后你要记住，紧张是怎样引起的，这样才能在紧张的早期便准备好放松。

在进行想象和放松练习时，每一个项目的情景都必须是真实生动的，要求你能够清晰地想象出情境中的声音、颜色、气味等。在刚刚开始练习的时候可能并不是那么容易便能想象出来的，但是随着练习的次数逐渐增加，你便能清晰地还原在现实生活中让你感到紧张的情景了。

第一天开始练习时，练习的项目不要超过3—5个，在感到累之前就要停止，这样三四天后你便会将全部项目练习完。当你对所列的全部项目反复进行了两三遍的练习后，在日常生活中面对同样的问题时你就不会那样紧张了。当你克服了使你紧张度最高的项目后，你便对缓解紧张和焦虑的心情有了充分的信心，再遇到这样的情景也就可以从容应对了。

爱好是个性的投射

小王在上大学的时候兴趣很广泛，什么都想参加，是个富有活力的女生。可是在毕业之后，一切都慢慢地改变了。小王打算跟男朋友买房子结婚，而且他们并不想用父母的钱。要知道，对于两个刚刚毕业的大学生来说，想要攒够一套房子的首付是件很困难的事情。于是两人开始节衣缩食，将外出旅游的计划不断地推迟，取而代之的是转转周边的公园之类的省钱项目。后来，随着工作压力的增大，小王开始频繁加班，连双休日都被占用起来，于是玩对他们来说便成了一件很奢侈的事情。

日子一天天过去了，随着小王跟老公收入的增多，他们的经济情况也一天比一天好了。可是小王不但没有高兴过，反而越来越颓废了，对什么都提不起兴趣。有一天，老公说要出去看场电影，结果小王没好气地回答道："你吃饱撑着了，干吗要出去看电影？不能在网上看吗？"老公顿时哑口无言。

到最后，小王连班都不想上了，好像生活的一切对她来说都没有意义，她不明白自己到底是怎么了。

小王是患上了无兴趣综合征，15—30岁之间的女性最容易出现这种症状。一旦出现便会对生活的一切都不感兴趣，一般还会伴随各种身体上的症状，如头痛、四肢酸痛等。实际上这是一种心理疾病，由于一直不为人们所关注，因此目前也没有好的解决办法。所以，我们只能预防这个病症的发生，扩展自己的兴趣爱好，让自己更积极乐观一些。

人的个性在各种活动上的投射便是兴趣爱好，它是与个人性格最相适应的心理和行为的活动，与学习和工作一样，它也是在生活实践中逐步形成的。好的兴趣爱好能给人情感上带来极大的愉悦，让人感到精神饱满，心情愉快。

但并不是所有的兴趣爱好都是值得提倡的，比如沉迷玩网游、打麻将等，我们应该追求有益身心健康的，能够给自己带来积极生活状态的兴趣爱好，比如钓鱼、下棋、打球等。想要培养良好的兴趣爱好，应从以下几个方面入手：

1. 拓展视野。接触的事情多了，才能知道自己最喜欢的是什么。三分钟热度不可取，在接触到新鲜事物的时候，人们往往充满了热情，可是一旦碰到困难，便会打退堂鼓。而当人们真正碰到了喜欢的事情后，很可能会从中体会到别人体会不到的乐趣，并且从这个兴趣中获得自信和自豪感。

2. 找一个志同道合的朋友。有一个志同道合的朋友很重要，他的行为会对你造成很大的影响，与他接触的时间久了，他的兴趣爱好也会变成你的兴趣爱好。而且多种多样的兴趣爱好也能帮助你认识更多的朋友。你慢慢地会被朋友感染，从而对自己的兴趣爱好更加投入。

3. 避免带着功利心去追求兴趣爱好。要知道，兴趣爱好是一种娱乐，净化我们的心灵才是它的首要目的。如果你企图从中得到什么的话，它原先的功能也会丧失。比如，有的孩子喜欢钢琴，但是他的父母却非要让他去考级，渐渐地孩子可能会讨厌钢琴，因为这时它已经变成了一种压迫自己的工具。

4. 持之以恒。爱好某一类事物是需要付出时间和精力的，想要从爱好中获得成就感，一点都不付出是不可能的。比如，喜欢弹琴的人偶尔弹一下时不会觉得辛苦，但是要将琴技练得出神入化，便需要付出大量的时间和精力。

最后，不要期望一开始自己就能做得很好，爱好的培养与其他事情一样，也会经历许多周折，如果你无法从始至终地坚持，那你一定学不会。

吃出好心情

早在两千多年前，医学家就发现人的性格是与营养相关联的。在现代社会中，有人通过调查统计得出结论，饮食口味与个人的性格有关。那些热衷于

冒险，野心勃勃，但是在遇到挫折时容易灰心丧气的人，比较喜欢吃油炸类食品；而性格开朗，善于交际，不喜欢行动的人，则相对比较喜欢吃清淡的食品；性格坚强，不擅长在众人面前表现自己，喜欢自然风光，不太擅长交际的人，喜欢吃冷食……

随着科学研究的不断深入，食物对人的性格会发生影响的观点，也越来越被大众接受。因此，要想改变自己性格中的弱点，或想要调整自己绪的朋友，不妨有意识地选择对应的食物，以通过“吃”来修正自己的性格和良好的心态。

敏感多疑。这类人通常喜欢吃素食，所以摄取的热量很低，鱼肉类的蛋白质不足，因而造成贫血，导致体力下降，精神上容易紧张不安，对人不信任。此外，钙质摄取的不足及糖分摄取过量也会造成这种个性。因此，要多吃富含高蛋白的食物，如牛肉、猪肉等。要多吃乳类制品以改善贫血的症状。持续不断地食用这些食物，体力便能恢复，猜疑、不安的状态也会渐渐消失。

任性、以自我为中心。这类人大多有严重的偏食习惯，营养不良是造成此类性格缺陷形成的重要原因。因此，这类人应全面摄取各种营养成分，多吃绿色蔬菜，不要吃过咸的食物。

焦虑不安。在这个经济高速发展的时代，你是不是也经常觉得焦虑不安呢？多摄取一些钙质、维生素，它们是让你心神安宁的最佳选择。补充钙质可以选择虾皮、豆类等，啤酒、牛奶、瘦肉、鱼则含有大量的维生素 B。

依赖心理严重。依赖型的人往往偏好甜食，导致体内血液中缺乏矿物质。因此，多吃些碱性食物和钙、维生素 B 含量丰富的食物，如猪肉、羊肉、鱼、贝类、大豆制品等，对改善其性格缺陷是有益的。

优柔寡断。拥有这种性格的人，往往体内缺少维生素和氨基酸。所以应该多吃肉类，同时摄取大量的新鲜蔬菜和水果，以此来补充体内缺少的这些营养素。

做事情虎头蛇尾。做事虎头蛇尾的人通常缺乏维生素 A 和维生素 C，所以这类人应该多吃猪、牛、羊肉，牛奶等富含维生素 A 的食物，同时多吃红枣、辣椒、山楂、橘子、苦瓜等富含维生素 C 的食物。

小窍门

日常生活中最能提升内心快乐感的 9 种食物

1. 全麦面包。含微量矿物质硒，有振奋精神的作用。而碳水化合物抵抗忧郁的作用虽然较慢，却是最健康的。

2. 香蕉。香蕉内含有生物碱，有振奋精神的作用。

3. 柚子。柚子中含有大量的维生素 C，而维生素 C 是制造多巴胺、肾上腺素的重要成分。

4. 菠菜。如果在5个月中无法正常摄取叶酸，人会出现健忘、焦虑等症状。菠菜中富含叶酸。

5. 樱桃。营养丰富，含有大量的铁元素，对贫血、食欲不振、消化不良都有较好的缓解作用。

6. 大蒜。德国科学家在调查中发现，大蒜能缓解愤怒，并可放松心情。

7. 南瓜。南瓜能将身体中储存的血糖转变成葡萄糖，并且富含大量的胡萝卜素。

8. 低脂牛奶。牛奶是钙的重要来源，其中低脂牛奶含钙量最高。

9. 深海鱼油。鱼油中富含一种脂肪酸，它能够阻断神经传导路径，增加血清素的分泌量。

有了以上几种食物，再加上合理的精神疏导，好心情便会自然而然地长伴在你身边了。

压抑的弹簧不要按

压抑心理是社会中一种较为普遍的病态心理，它存在于各个年龄阶段和社会阶层中。它的产生与人们受到的挫折有关，挫折与压抑之间互为因果，形成了一个恶性循环。心理学上的解释是，个体在受挫后没有将思想、感情释放出来，而是将其积压在心里，并且不愿意承认有烦恼存在的现象，就是压抑。压抑不能使负面情绪消除，只能起到暂时减轻焦虑的作用，从而产生自我封闭、自卑、沮丧和孤僻等病态心理。而且，长期压抑会转变为一种潜意识，让人们的行为变得消极。

压抑的情绪是可以通过一定的科学方法加以疏导的，具体方法如下：

1. 运动法。压抑情绪积攒到一定程度爆发的话，便会犹如山崩海啸一般剧烈。但是，将这种宣泄控制在一定程度以内，则可以改善自身的情绪状态。当感到异常压抑时，最好的方法就是去跑一圈，做一些能够大量消耗体力，又能转移注意力的运动，如跑步、打篮球、踢足球等。当我们累得大汗淋漓时，会感到筋疲力尽，压抑情绪所积攒的能量也就已经宣泄得差不多了，情绪也自然会平静下来。

2. 眼泪法。科学家研究发现，在人们流出的眼泪中，含有一些化学物质，这些物质会引起血压升高、消化不良或心率加快等症状。当人们通过流泪将这些物质排出体外后，身体自然会感到轻松。这也是许多人在痛哭一场之后，会感觉畅快的原因。因此，感到十分压抑时不妨大哭一场，因为这样可以释放积聚的能量，以此调整机体平衡，从而达到释放压抑情绪的目的。

如果以上两种方法没有效果的话，就必须去寻求心理医生的帮助了。心理医生会通过宣泄疗法引导人们将心中的积郁倾吐出来，宣泄出来之后，心理上的压力会有所减轻，紧张等心理状态也会减轻甚至消除。

另外，在日常生活中，我们经常可以看到许多人在将内心的压抑诉说出来后，便不再愁眉苦脸了，这一类人的心理问题往往能够及时解决。所以，做一个懂得倾诉的人吧，这会让生活更加美好。

第四章

心理诊疗术

——做自己的心理医生

我们的身体经常受到各种疾病的侵袭，心灵也一样，如果心灵感冒了，你会及时察觉并吃一颗感冒药吗？如果心灵受伤了，你会给它贴上创可贴吗？

心灵的感冒——抑郁情绪

抑郁是一种复合型的负面情绪，它是由情绪低落、冷漠、悲观、失望等情绪构成的。抑郁是让人感到不愉快的一种心境体验。抑郁心境指的是，在较长的一段时间内，抑郁情绪占优势地位的一种心理状态。当今社会，抑郁已经成了最常见的心灵健康杀手。美国心理学家安尔格德曾对抑郁做了如下的描述：

1. 由正常心境向比平时低落的方面波动，即每天情绪都偏向恶劣的一面；

2. 是一种不愉快、悲伤或精神痛苦以及对一些不良情景或事件的一种反应；

3. 作为一种心理特征，个体的特点表现为持久地、相对稳定地缺乏快感；

4. 抑郁作为一种症状，指的是心境处于病理性的低落或者恶劣状态。

如果人长期处于抑郁状态，便会导致发生许多身心疾病。所以，当发现自己出现抑郁的情绪时，应该尽快化解。那当我们面对抑郁情绪时，应该怎样做呢？

美国学者卡托尔认为，不同的人会进入不同的抑郁状态，但是只要人们能够遵照以下 14 条规则生活，抑郁的状态便会很快消失。这 14 项规则包括：

1. 严格地遵守生活秩序。与人约会要准时到达，从稳定、规律的生活中寻找乐趣。

2. 注意自己的外观。让自己的身体保持清洁卫生，不穿邋遢的衣服，房间也要打扫干净。

3. 即使在抑郁状态下，也不要放弃自己的学习和工作。

4. 对人对事要宽宏大度。

5. 主动吸收新的知识，“活到老，学到老”。

6. 培养挑战意识，学会主动接受矛盾，并相信自己一定能够成功。

7. 即便是小事，也要采取合乎情理的行动；即使你心情烦闷，也要特别注意自己的言行举止，让自己的行动合乎生活情理。

8. 对待别人的态度要因人而异。具有抑郁心情的人，如果对外界每个人的反应、态度几乎相同的话，应尽快纠正。

9. 拓宽自己的兴趣范围。

10. 不将自己的生活与他人比较。如果你时常将自己的生活与他人的生活做比较，那表示你已经有了潜在的抑郁情绪，应尽快克服。

11. 把每天生活中美好的事记录下来。

12. 不掩饰自己的失败。

13. 积极尝试以前没有做过的事，开辟新的生活园地，使生活更充实。

14. 与精力旺盛并乐观向上的人交往。

幽默也可以改善你的精神状态。当你抑郁时，幽默可以帮助你化解抑郁症的思维僵化，防止你进入封闭的思想世界。

面对抑郁这个心灵杀手，我们应该保持足够的警惕。如果自己的力量不足以战胜它，就要及时地向外界寻求帮助，比如咨询心理医生。

心灵感冒的变种——躁郁情绪

一年前，孙悦大学毕业后只身来到一座大城市里打拼。如愿进入一家大企业工作的喜悦让她兴奋难耐。孙悦对自己的第一个住处非常满意，她不但购买了很多小家电，还把整个房间布置得像个卡通乐园。周末她还去拜访了邻居，送了从家乡带来的土特产。由于工作表现出色，孙悦很快升职。但就在她升职后不久，房东收回了房子，孙悦被迫搬家。

此后，孙悦搬家越来越频繁，每次搬完家，她就忙着在周围找健身场馆、超市，结识邻居和合租伙伴，甚至一大早就跑出去找公交车站，熟悉小区环境。搬家、找房子、谈价钱……孙悦似乎从中找到了一种乐趣，并且乐此不疲。但在一个地方住了一段时间，她又突然觉得了无生趣，甚至想到了自杀，结果又是搬家。

心情好的时候，孙悦整个人就像上了发条一样，脑袋里充满了灵感，下班后还要到健身房跳满两个小时的健身操。精神百倍、不知疲倦的她让同事刮目相看，又有些费解。但有时她又会莫名其妙地情绪低落，孙悦觉得好像有两个自己，一个自己说："你是最出色的，什么都难不倒你！"另一个自己则不时地指挥大脑："如果我消失了就不会遇到那么多麻烦了！"两个自己总是在打架。而同事的印象是，她时而灵感四溢，连续熬上几个通宵都行，时而又像霜打的茄子一样无精打采。

最近一次搬家时，孙悦看着窗下一卡车的行李，竟然踩在了椅子上，如果不是搬家工人在楼下催她下楼，她也许已经跳下楼了。这让孙悦感到害怕，无奈之下她选择了看心理医生。医生诊断她患上了躁郁症。经过一段时间的药物和心理治疗，坚持每天做运动，她的病情有所好转。

躁郁症是一种常见的精神疾病，其特点便是情绪高涨的躁狂状态与情绪低落的抑郁状态反复交替发作，伴有思维和行为的改变，通常发病于青春期或成年早期。男性患者的首次发病多为躁狂发作，而女性患者的首次发作多为抑郁发作。

躁狂发作时，表现为情绪高涨，且自我感觉良好，同时思维敏捷、注意力易转移和言语动作增多，以上就是躁狂三联症。患者联想力异常丰富，与人交谈的时间和次数增加，有过高的自我评价，容易兴奋，经常有非常愉快的心情，精力旺盛，性欲高涨，休息和睡眠的时间减少，焦躁不安，易产生激越的情绪，过分地从事舒适性活动，易产生刺激性、攻击性和破坏性的行为，由此导致痛苦的结果。

抑郁症也表现有三联症，即思维迟钝、情绪低落和语言动作减少，其情绪节律为晨重晚轻——早上的心情处于一天中的最低点，抑郁症状明显加重，下午或傍晚会逐渐地好转，严重者会产生妄想和幻觉。患者兴趣减退，甚至丧失，常产生无望无助的感觉，对自己的评价过低，感到生活没有意义，甚至有自杀倾向；活力丧失，日常活动明显减少并且缓慢，甚至整天呆坐、不说话，睡眠和清醒的节律出现紊乱，容易早醒，而醒后就很难再次入睡。

抑郁期间，患者食欲下降，面容憔悴，体重减轻，性欲衰退，还常常伴有焦虑、强迫、疑心等各种症状，注意力无法集中，记忆力减退，常有疲乏感等。抑郁发作时常常伴随着一些生理症状，主要表现为内脏功能的下降、便秘、胸闷气短、口干发苦、上腹有胀感，自主神经功能发生紊乱，心悸、头痛、头晕、出汗等。自杀是抑郁症最严重的表现，大约有 65%—80% 的抑郁症病人会产生自杀的念头，多达一半的患者会有自杀的行为，未自杀者则常常有酗酒、吸毒、自伤等行为。

躁郁症往往是被一件突发事件像扣动扳机一样触发。频繁的搬家和工作生活压力正是扣动孙悦躁狂抑郁症的扳机。所以，只身在外打拼的年轻人一定要注意自身的心理健康，掌握一定的心理学知识和心理调节的方法，同时多交朋友，扩大社会交往的范围。如果发现自己有躁狂抑郁症或者其他心理疾病，要及时向心理医生求助。

“强迫症”也是病，得治！

周强是一名机关干部，35岁，患强迫症多年。周强15岁时因为骨折留下肢体不能完全伸直的后遗症，因此，每当要做广播体操的时候便会感到不好意思，后来发展到一听到广播体操的喇叭响就会感到不安。再后来发展到只要见到大喇叭便会心烦气躁，把大喇叭搬走后又恢复如常。如果强迫自己继续待在这样的环境下便会出现许多生理上的症状，例如心跳加快、头痛等。周强也曾经想要克服，比如不去想和看那个大喇叭等，但是终究没有办法根除这种念头。周强自己也感到这种想法是可笑的，是没有任何实际意义的，但就是克服不了。

强迫症是以强迫观念和强迫动作为主要表现的一种精神疾病。患者明知强迫症状的持续存在毫无意义且不合理，却不能克制它的反复出现，越是努力抵制，反而越感到紧张和痛苦。

强迫症的临床表现既可能是单一症状出现，也可能是数种症状同时出现。随着时间的推移，症状内容可能不断改变。强迫症主要分为强迫观念、强迫动作和强迫意向。

强迫观念是指某种联想、回忆或疑虑不断地反复出现，其中包括：

强迫联想，这类患者明知不会发生不幸事件，却不能控制地反复联想，导致情绪紧张和恐惧。

强迫回忆，患者会强迫自己一遍又一遍地回忆曾经做过的无关紧要的小事情，明知没有意义却无法停止。

强迫疑虑，患者对自己的行动是否正确，产生不必要的疑虑，如出门后疑虑门窗是否关好，并且回去检查，不然就会焦虑不安。

强迫性殚精竭虑，对日常生活中常见的事物进行反复思考，患者虽然感到没有意义但却难以控制。例如，人为什么需要呼吸，火为什么灼热等。

强迫动作是指患者有强迫行为，具体包括：

强迫洗涤，因为怕不干净而反复洗涤，但心中仍然摆脱不了“不干净”的感觉。

强迫计数，表现为不可控制地数楼梯阶数、走过的距离等，若是漏掉了便要从头开始。

强迫检查，这种情况通常与强迫疑虑同时出现，患者对已经做好的事情不断地反复检查。

强迫意向是指在某种特殊场合下，患者会出现相反的意愿。

如需要上台演讲，却总是在脑海中浮现出逃走的想法。

如果患了强迫症，就要勇敢地承认它、认识它，不能回避，这样才能从强迫症的阴霾中一步步地走出来。那应该怎样克服强迫症呢？下面就教您几个简单而有效的办法：

1. 顺其自然。做事要顺其自然，当一件事情已经做好了就不要再去想。例如，衣服沾上了东西不干净，就让它不干净吧，也没什么大不了。经过一段时间的努力来克服由此带来的焦虑情绪，症状便会慢慢消除。

2. 分散注意力。密切关注自己的行为，当发现有强迫行为即将发生，就转移、分散自己的注意力，强迫自己去接受目前的状态。其间可以去做一些其他的事情，培养新的兴奋点，抑制病态的兴奋点。

3. 药物辅助治疗。在医生的指导下服用药物。

小测试

你有强迫症状吗？

当下面一条或一条以上的症状持续存在，并且影响了你的正常生活时，说明你有强迫症状。

1. 常反复洗手而且洗手的时间很长，超过正常洗手需要的时间；

2. 有时不得不毫无理由地重复相同的内容、句子或数字好几次；

3. 觉得自己穿衣、脱衣、清洗、走路时都要遵循特殊的顺序；

4. 常常没有必要地检查门窗、煤气、钱物、文件、信件等；

5. 得不反复做某些事情好几次，直到认为自己已经做好为止；

6. 对自己做的大多数事情都要产生怀疑；

7. 一些不愉快的想法常违背自己的意愿进入自己的大脑，使自己不能摆脱；

8. 常常设想自己粗心大意或是细小的差错会引起灾难性的后果；

9. 时常无原因地担心自己患了某种疾病；

10. 时常无原因地计数；

11. 在某些场合，很害怕自己失去控制，做出尴尬的事；

12. 经常迟到，因为没有必要地花了很多时间重复做某些事情；

13. 当看到刀、匕首和其他尖锐物品时，会感到心烦意乱；

14. 为了要完全记住一些不重要的事情而困扰；

15. 有时有毫无原因地想要破坏某些物品或伤害他人的冲动；

16. 在某些场合，即使当时生病了，也想暴食一顿；

17. 听到自杀、犯罪或生病的事，会心烦意乱很长时间，很难不去想它。

熄灭嫉妒的火焰

李星是一个26岁的女孩，在一家公司负责企业的宣传策划工作。初看上去，她是个粗线条的人，每天都是随意打扮一下，就拎起包包往公司跑。说话也是大大咧咧，毫无淑女风范。所以，她给同事们的印象就是一个“男人婆”。公司的另一名同事吴玲则是另外一种类型的人。吴玲在公司里是出了名的爱打扮一族。她穿着讲究，看起来时髦洋气，所以总是能够吸引别人的眼球。理所当然的，她也就成了所有人热衷于议论的话题。

每当同事们津津有味地评论吴玲的发型或是衣服的时候，坐在一旁的李星总是先沉默一阵，然后再勉强挤出几个笑脸。于是，这种小小的嫉妒就埋在了她心底。一天，李星的上司邀她出去喝咖啡，顺便谈点工作上的事。在谈话中李星得知吴玲的工资待遇比自己高，这一下子点燃了李星的嫉妒之火。因为李星认为自己可能在长相上比不上吴玲，但是在工作能力上并不比吴玲差。

李星越想越觉得不公平，越想越来气，第二天上班时，她添油加醋地把这件事宣扬了出去。同事们听完之后突然也觉得自己受到了不公平的待遇，于是心里也开始不平衡起来。

从那以后，同事们不再夸赞吴玲的衣服得体、发型漂亮，而是横竖看她不顺眼，处处和她对着干。几个星期后，吴玲便递上了辞呈。让李星意想不到的是，自己也被定格为了“是非之人”。随着吴玲的离开，李星也成了被同事们隔离的异类。

嫉妒指的是人们为竞争一定的权力或者利益，而对相应的幸运者或潜在的幸运者怀有的一种排斥、冷漠、贬低甚至是敌视的心理状态。嫉妒就内心感受来讲前期表现为由攀比到失望的压力感；在中期则表现为由羞愧到屈辱的心理挫折感；到后期则表现为由不服、不满到怨恨、憎恨的发泄行为。

嫉妒的人总是在拿别人的优势、长处来折磨自己。嫉妒使人把时间用在阻碍和限制别人身上，而不是专注于自我的提升。嫉妒者的流言、恶语、阻挠、陷害等，往往对被嫉妒者造成恶劣的后果，而结局往往是嫉妒者本人也自食恶果，最后两败俱伤。

嫉妒与羡慕不同，前者潜伏着对他人幸福的破坏倾向，而后者则是对他人幸福的一种祝福和激励自己的动力。要不断地提升自身的修养，控制自身的嫉妒心理，这样才能让自己活得更加精彩。

怎样才能克服自己的嫉妒心理呢？其实只要做到如下几点便可：

1. 正确地认识嫉妒心理。嫉妒心理是对自己的一种否定，这是一种主观的臆想。一个好汉三个帮，一个人的成功不光靠自己，还要靠大家的帮助，所以嫉妒只会损人损己。

2. 客观地评价自己。当自己萌发嫉妒心理的时候，要主动地调整自己的意识和行为，冷静地找出自己与对方的差距，肯定自己优秀的一面，而不是用自己的劣势与别人的优势相比较。

3. 将心比心。嫉妒往往给他人带来许多苦恼和麻烦，多一些换位思考能消减自己的嫉妒心理。

4. 见贤思齐。十全十美的人是不存在的，人都有各自的强项和弱项，应当化嫉妒为提升自己的动力，这样才能不断地提升自己。

5. 自我宣泄。找知心朋友或者亲人倾诉，他们可以帮你阻止嫉妒之火的蔓延。

小测试

你有嫉妒心理吗？

1. 你的同学穿了一件过时的服装，却又扬扬得意地问你：

“这件衣服漂亮吗？”你会如何回答？

A.“……”（不吭声，暗自发笑）计2分

B.“还不错，早几个月穿更好。”计3分

C.“不错，很漂亮！我也想要这么一件。”计1分

D.“不大适合，过时了。”计5分

2. 同学带来了极为漂亮的钢笔，你怎么办呢？

A. 询问是在何处买的。计2分

B. 自己找支与之相似的钢笔来。计5分

C. 婉转地打听是哪家商店出售的。计3分

D. 不置可否。计1分

3. 班会上，一位并不比你强的同学提出了比你高明的建议，当老师问你意见如何时，你怎样回答？

A. 赞成这条意见。计1分

B. 不赞成，并提出其他意见。计3分

C. 回答“我没有看法”。计2分

D. 一声不吭，事后发牢骚。计5分

4. 你的很多同学簇拥在著名电影导演周围抢着签名留念，你看到时会采取什么行动？

A. 挤进去也让导演给你签名。计2分

B. 站在那儿看热闹。计3分

C. 说一句“哼，瞎起哄，真没意思”。计5分

D. 不吭一声地走开。计1分

5. 被同学奚落了一番，你会怎样？

A. 在什么时候也刁难对方一下。计 2 分

B. 感到心里很不好受，却发作不得。计 3 分

C. 决定和这种人断交。计 5 分

D. 自我解脱。计 1 分

6. 你喜欢的一位异性同学在校门口和人亲切交谈，但你看不到那人的样子，这时你会认为这位异性同学最可能和谁谈话？

A. 老师。计 1 分

B. 你的同性同学。计 3 分

C. 你的异性同学。计 2 分

D. 肯定是他的男（女）朋友。计 1 分

7. 平时成绩一直与你不相上下的某位同学，这次由于某个原因而成绩比你差，你是如何看待这件事的？

A.“他本来就不如我嘛。”计 3 分

B.“哼，活该！最好下次也这样。”计 5 分

C.“要不是因为这件事，他准会考得更好。”计 1 分

D.“他真够可怜的。”计 2 分

8. 本来你和某位同学都有条件被评为三好学生，但由于名额有限，老师决定让那位同学获得这一荣誉，这时你的态度是：

A. 衷心地为那位同学鼓掌。计 1 分

B. 心里愤愤不平，认为老师偏心。计 3 分

C. 认为自己确实不如人。计 2 分

D. 背后到处揭那位同学的短。计 5 分

结果分析

32—40 分：你比一般人更容易产生嫉妒心理。

24—31 分：你具有一般人容易产生的嫉妒心理。

16—23 分：你常有自我满足感，平时很难让人察觉到你有嫉妒心理。

8—15 分：你很少有嫉妒心理。

世界如此美好，你却如此浮躁

蔡元今年 27 岁，最近他一直都觉得心神不宁，因为自己大学时的同学都发展得不错。别人房子、车子、事业都有了，而自己却还在温饱线上挣扎。他也曾炒过股，但是赚少赔多。在电视上看到别人买彩票中奖成了百万富翁后，他也开始买彩票，想要一夜暴富成为百万富翁，可结果却是将自己辛苦攒下的积蓄全都赔了进去。接连换了几次工作，却

都不顺心。总的来说，他就是觉得事事都不如意。

人浮躁了，便会终日处于一种应激状态下，精神高度紧张，因而会脾气暴躁，长久下来会对自己造成不可估量的页面影响。所以说，浮躁是一种不可取的生活状态。

浮躁是当前社会普遍存在的一种病态心理，一般具有以下特征：

1. 心神不宁。面对急剧变化的社会，感到心里没底，不知道该怎样去做，对前途没有信心。

2. 焦躁不安。这也是浮躁心理常见的一种特征，表现为急躁、急功近利，在与其他人的攀比中，更加显现出一种焦虑不安的心情。

3. 盲从冲动。盲动、盲从和冒险也是有焦躁心理的人常有的行为。因为情绪掌控着理智，而使行动过于盲目。在开始行动之前没有经过深思熟虑，只是盲目地跟从别人。

那浮躁心理是怎样产生的呢？究其原因是自身和外界环境两大因素造成的。

1. 自身原因。个人的攀比是造成浮躁心理的直接原因。有的人较早地成功，而有的人因为起步晚或者其他因素没有进步。于是，攀比便产生了。俗话说“人比人，气死人”，因为对自己目前生存状态的不满，而产生的强烈欲望，使人们敏感、脆弱和存有侥幸心理。

2. 外界环境。在竞争激烈的现代社会，每个人都面临着极大的生存压力，并且时刻都面临着一个重新定位的问题，感到很难把握自己的未来。于是心神不宁、焦躁不安，导致了浮躁心理的产生。

浮躁心理让人失去对自己的准确定位，使人盲目行动，无论是对个人还是对集体都有莫大的损害。怎样才能克服浮躁心理？

首先，遇事要善于思考。在遇到问题的时候首先要从实际出发，不能跟着感觉走，要脚踏实地。要清楚地认识到，别人成功是因为付出了极大的努力，“天上掉馅饼”的好运并不是每个人都能遇到的。

其次，要培养成熟、理性的人生观和价值观，不为潮流所迷惑，不为时尚所左右，做一个脚踏实地、独立自主的人。

最后，在拿自己与别人比较时，要清醒地认识到是否有可比性，比如两人的知识、能力、投入是否一样，不然将会做出错误的判断。

你有浮躁心理吗？

1. 整天无所事事，总想投机取巧，脾气大。

2. 遇到事情容易急躁，不能控制感情。

3. 常见异思迁，没有恒心。

4. 有盲从心理，经常大脑发热，譬如对于股票、期货和房地产投资等。

5. 经常焦躁不安和心神不宁。

6. 经常跳槽换工作，好高骛远。

7. 渴望与比自己优越的人结识，对不如自己的人则是爱理不理。

8. 不能正确地评估自己的实力，求职中往往想着大城市、大企业、大单位，向往高收入、高地位，结果处处碰壁。

9. 恋爱时常见异思迁，把恋爱当成好玩的游戏，用以打发自己空虚和无聊的时间。

结果分析

如果你对上述 9 个问题至少有 6 个问题回答“是”，那么你有浮躁的心理。

超越自卑

林岳是个不爱说话、遵守纪律的初中三年级男孩，家里有和善的母亲和严厉的父亲，总的来说林岳有一个幸福的家庭。然而，林岳因为学习成绩的下滑而渐渐变得不与人交往。上课时也经常开小差，遇到老师同学总是尽量回避。如果有人在大街上叫他的名字，他便会有一种强烈的想要躲起来的冲动。而这样的行为更让他的学习成绩一落千丈。

心理学家认为，自卑是一种由于过多地自我否定而产生的情绪。自卑，就是轻视自己，有自卑心理的人，并不一定是本身有某些缺点，而是不能正视自己，常把自己放在低人一等的位置上，并陷入不可自拔的境地。

自卑的主要表现是：总是自怨自艾，对自己的评价过低；看待事情很消极，总是往坏的一方面去想；不愿意改变；意志消沉，把没有解决或者没有处理好的问题归因于自己；多愁善感，常产生猜疑心理，对自己和别人都信心不足，等等。

自卑的成因是多种多样的，总的来说分为四种：

1. 生理上的缺陷。有的人因为生理上存在某些缺陷而感到自卑，如身材矮小等。

2. 心理上的缺陷。因为能力较差、性格古怪而感到自卑。

3. 缺乏成功的经验。不能正确地对待挫折和失败是导致自卑感形成的主要原因。成功的经验是影响自信心建立的重要因素，一个人成功的经验越多，他的自信心就越强。反之，如果一个人接连几次都失败了，又不能冷静地分析失败的原因，就会开始怀疑自己的能力，在挫折感中产生自卑心理。

4. 非理性思维。自卑总是在对比中形成，人们常常希望自己无所不能，不允许自己在某些方面不如某人。忽视了人的特殊性，没有认真想过“寸有所长，尺有所短”，过于苛刻地要求自己，进而产生了自卑感。

自卑的人大脑皮层长期处于抑制状态，从而容易产生各种症状，如头痛、乏力、反应迟钝、记忆力减退等，而且不良的自我暗示极易导致宿命论和悲观论的产生。自卑的人一方面感受着自卑，另一方面又渴望超越自卑，在不断遭遇失败后便会导致抑郁症的产生。

自卑是一种会严重影响工作、学习和生活的心理状态，为了更好地生活和工作，我们必须克服自卑的心理。

1. 客观地认识自我。承认“人外有人，天外有天”，自己并非能在所有的领域都凌驾于他人之上。所以，大可不必因为某些方面不如他人而自暴自弃。

2. 树立自信心。自卑来自对自己的不信任，只有相信自己真的有才能，才不会害怕别人的评价，自卑感自然不会产生。

3. 行为矫正。针对自己的弱项制订一个渐进的训练计划，由易入手，获得自信后再做比较困难的事情，并且要坚持不懈地去执行，如主动去接触陌生人，争取上台发言的机会等。

自卑并不可怕，只要你能正确、清醒地认识自己和他人，自卑感自然会离你而去。

小测试

你有自卑心理吗？

1. 遇到难事，你想寻求帮助，但又不愿开口求人，怕被别人取笑或轻视。

2. 当别人遇到麻烦时，你常会有幸灾乐祸的感觉。

3. 你爱向别人夸耀自己的能力和“光荣历史”。

4. 你认为学习成绩、工作成绩是很重要的。

5. 你觉得入乡随俗是件困难的事。

6. 你觉得人的面子最重要，轻易认错是很失面子的行为。

7. 你害怕陌生人或陌生的地方。

8. 常常自问“我能行吗”这类问题。

9. 你常觉得自己是不利环境下的牺牲品。

10. 你是个爱虚荣的人。

结果分析

答“是”得 1 分，“否”得 0 分。

0—2 分：很有自信心。

3—6 分：很可能缺乏自信心。

7—10 分：你有一种强烈的自卑感，即使在表面上你自信、自负或自傲，但你很可能在自负和自卑的两极之间来回徘徊。

“社交恐惧”也是病?

社交恐惧是指在社交场合与人接触时，注意力过分地放在周围环境上，对周围环境的刺激非常敏感，总是认为自己的一言一行都被别人关注着，担心自己会被别人嘲笑而处于一种莫名的心理压力下。

心理学家发现，社交恐惧这种病态心理在有些情况下与人在童年时期的武断某个行为印痕有着直接的关系。例如，一个人小时候得到了一次演讲的机会，为此他做了精心的准备，对这次演讲抱有极大的期待。但是，当他上台的时候竟然将原本背得滚瓜烂熟的演讲词忘得一干二净。从那以后，他就变得不敢在众人面前讲话了。又如，某个孩子去同学家玩的时候，无意中听到同学的父母说：“你那个同学太烦人了，下次他再来你就快一点把他打发走吧。”自此以后，这个孩子就变得害怕与人接触和交往，更不敢与人做朋友了。

想要治疗社交恐惧，就要先找出具体的刺激源，只有找到社交恐惧的根源，才能对症下药进行调节。调节的方法有以下几种：

1. 集中注意力。在社交场合中，不必过度关注自己会给别人留下什么样的印象，要知道，自己只是一个小人物，很难引起别人的过分关注。应该将注意力放在自己要做的事情上。

2. 当头棒喝。当心里过于紧张或焦虑时，不妨大声地问自己：就算情况再坏又能坏到什么地步？我不会失去什么！就算情况变得很糟糕，也不过是回到起点，我还可以从头再来。想通了这些，一切便会容易起来。

3. 脱敏法。对自己想要接触的对象感到恐惧时，可以采用循序渐进的方式来克服这种心理障碍。先看看对方的衣着打扮；看对方的脸和眼睛；可以向他笑笑；最后试着单独与对方接触。

按照这个步骤与对方进行接触，可以避免直接碰撞敏感中心，让看起来十分困难的社交行为变得轻松容易起来。这种方法对轻度社交恐惧有立竿见影的效果。但是如果生理上已经有比较严重的不良反应的时候，就应当就医了。在专业医生的指导下进行适量的药物治疗，便可以大大缓解心理紧张与生理不适的症状。

社交恐惧的治疗过程就是重新塑造健全人格的过程，社交恐惧并不难治，难的是不让社交恐惧复发。当一个人面对新的环境刺激时，便容易对社交恐惧形成新的情境唤醒。因此，保持良好的心态，进行长期的强化治疗，就会慢慢走出社交恐惧的怪圈，重返丰富多彩的社会生活。

小测试

你有社交恐惧症的倾向吗？

每题有5个选项：A. 根本不符合；B. 某方面符合；C. 比较符合；D. 大部分符合；E. 完全符合。

1. 当与不熟悉的人聚会时，会感到不自在；

2. 与长辈或者上级交谈时，会感到很不自在；

3. 在面试中不知所措；

4. 认为自己是个比较内向的人；

5. 与权威人士交谈，会感到很害怕；

6. 即便在非正式的社交场合，也会感到不安和害怕；

7. 处于与自己不同类型的人群中也会感到不舒服、不自在；

8. 给陌生人打电话，会感到紧张；

9. 与交往不深的同性交谈，会产生不适应的感觉；

10. 与异性谈话，会感到不舒适；

11. 认为自己是个害怕与人交际的人；

12. 在人多的场合，会感到不自在；

13. 想让自己变得更擅长与人交往；

14. 同许多人聚在一起时，不知道自己该做什么；

15. 在一位吸引人的异性面前，会不知所措。

结果分析

计分标准：选 A 计 1 分；选 B 计 2 分；选 C 计 3 分；选 D 计 4 分；选 E 计 5 分。

15—59 分，善于交际，没有社交恐惧症。

60—75 分，不善交际，有社交恐惧症的倾向。

上班恐惧症

宋先生是某公司的组长，他的假期即将结束，然而他现在心里有说不清道不明的恐惧，就是不想去上班，希望假期能再多几天，只要不去上班，心情便会很轻松。

宋先生就是患上了一种叫作“上班恐惧症”的心理疾病。上班恐惧症的患者对工作情境感到畏惧，越是临近上班的时间，这种畏惧的情绪就越强烈。一般情况下，性格内向，与社会接触较少或者是心理素质存在缺陷、在人际交往方面有一定问题的人，容易出现这种症状。上班恐惧症一般具备以下特征：

1. 对自己角色的转变感到担忧。

2. 对工作本身感到畏惧。

3. 对人际交往感到恐惧。

心理专家称，由于上班族在长假前长期处于高度紧张的工作压力中，思维和身体已经建立了与工作环境相匹配的运作模式，而放假则将原来的生活规律打破，所以在需要回来上班时便会产生诸多不适应的现象。因此，治疗上班恐惧症，重在保持心态的平衡，要适时地转换“角色”，如在假期即将结束的最后一天，从休憩的状态中走出来。只要调控适当，就可避免产生上班恐惧症。

1. 缩小假期与工作的反差。如果在假期的休息中适当增加比平时多一些的娱乐活动，而不是待在家中什么也不做。适当地多做一些家务或者去拜访好友的话，就不至于让原来的工作习惯遭到过大的破坏，这样假期后恢复原有的运作模式就会容易很多，也就会避免产生上班恐惧症。这一点的关键在于尽可能在假期过得轻松愉快，不要与平时出现较大的反差。

2. 学会放松。如果长时间地处于比较大的工作压力下，假期后便不容易恢复。所以，在日常的工作当中要注意劳逸结合，平时做一些能让自己放松的活动，如慢跑、瑜伽等。这里教大家一个比较好的放松方法。用一个自己觉得舒适的姿势坐在沙发或椅子上，把休息的意念输送到全身各部位，并想象肌肉做出相应的放松反应。首先放松脚尖，接下来逐渐将放松的意念向上输送至脚腕、小腿、膝盖、大腿。当松弛到肩部后，便将放松的意念从指尖开始，经过手指、手腕、小臂、肘部、上臂、肩部。最后，按颈部、面部、头部的顺序放松。

当感到全身都松弛下来后，开始调整呼吸。把注意力集中于小腹一带，慢慢地将肚脐向背部贴近，同时呼气。充分呼气后，再缓慢而自然地吸气，如此循环。尽可能地将呼吸放慢，要以不会引起憋气的速度呼吸，在呼吸的同时要告诉自己："这样真舒服。"这种呼吸法会使身心感到舒爽，达到心旷神怡的状态。即使是在焦虑不安的状态下，这种呼吸法也会在一定程度上驱散焦虑，以镇定精神，获得心情舒畅的效果。

3. 提前进入角色。心理专家指出，星期一上班的效率比较低，是因为人们在经过了周末的休息后，很难一下子适应快节奏的工作方式。所以，在上班的前一天，应当有意识地做一些与工作有关的事情，这样有助于尽快地进入工作状态。

4. 让开心的事情充斥于脑海当中。患上班恐惧症的人大多比较年轻，而引起上班恐惧症的诱因也有很多，比如人际交往困难，在工作上有过委屈、挫折经历等。想要预防上班恐惧症，就要在休假结束前静心思考上班后应该做的事情，并且保持充足的睡眠。除此之外，平时多做一些可以让自己开心的事情，比如找朋友聊天，做自己喜欢的运动等。

好的心理状态才能带来好的工作状态，在事业的拼搏期，我们只有调整好自己的心态，才能以较高的效率工作和学习，从而踏上通往成功的道路。

不要让猜疑蒙住眼睛

孙甜是一位33岁的女白领，拥有幸福的家庭和稳定的工作。按理说她应该觉得生活美好，日子过得很舒服才对。可是她却并没有这样觉得，因为她总是怀疑，别人都知道她不知道的事情，却不肯告诉她，甚至包括她的丈夫和子女。孙甜为这种念头终日郁郁寡欢，不知该怎么办。

猜疑心理历来是害人害己的祸根，当一个人掉进猜疑的陷阱后，必然对他人失去信心，对自己也疑窦丛生，损害正常的人际关系，影响身心健康。比如，见到有人背着他讲话便会怀疑在讲他的坏话；老师有时对他的态度冷淡了一些，就会觉得老师对他有了看法等。这样下去便会由怀疑他人变为怀疑自己、否定自己，进而失去自信。

猜疑者因为无法很好地与人交流，结果可能就是无法交到朋友，变得孤独抑郁，这样对身心有极大的损害。那猜疑心理是怎样产生的呢？心理学家的研究表明，人们之所以会猜疑，

是由于以下原因：

1. 自信心不足。在某些方面自认为不如别人，但是自尊心过强，总是用“有色眼镜”去观察别人，用别人的举动来验证自己的看法。所以越想越认为是真的，陷入猜疑怪圈而无法自拔。

2. 曾经在交往中遭受挫折失败的打击。有的人以往比较轻信别人，并视之为知己，将自己的秘密告诉别人，但是却遭到欺骗，对自己造成了损失，从而导致很强的防御心理，不愿再相信别人。

中国古代有一个寓言叫“疑邻盗斧”，故事讲的是：

有个人丢了一把斧子，他怀疑是邻居家的孩子偷的，就暗暗地观察那个孩子。他觉得那个孩子无论是走路的姿势、神色还是说话的语气都像是偷斧子的人。过了几天，他在刨地的时候，找到了那把斧子，这时他再看邻居家的孩子，却怎么也不像是偷斧子的人了。

在这个故事里，这个人的猜疑心理并没有造成太大的损失。可是在生活中，哪怕是一点点的猜疑，也可能让你失去最珍贵的东西。要想避免这样的情况出现，我们就要克服猜疑心理，消除人与人之间不应该有的隔阂和冲突，建立互信关系。

1. 积极地进行自我暗示。当自己陷入猜疑时，可以暗示自己“他们并不是在讨论我”或者“他们这样做是为了我好，他们是善意的，是我自己多虑了”，并且转移自己的注意力，多想一些美好的事情。

2. 理性思考，避免无端猜疑。当产生疑惑时，首先要考虑自己为什么会这样想，理由是什么，不要朝着有利于猜疑的方向思考。在做出判断以前，多问几个为什么。

3. 培养自信心。要善于发现自己的优点和长处，人没有十全十美的，都有自己的优缺点。要相信自己，不要拿自己的短处去与别人的长处相比，这样在工作和生活当中才能充满信心。

4. 加强交流。很多时候，猜疑来源于对事物认识得不全面。当人际交往中遇到这样的情况时，应该坐下来，通过谈心消除误会，可以避免许多冲突和矛盾。

5. 远离是非之人。俗话说“谣言止于智者”，许多时候猜疑正是因为听信了别人的谣言而产生的。

6. 坚持“责己严，待人宽”的原则。善猜忌的人大多对自己要求不高，对别人要求苛刻。如果不把别人的言行变化看得那么严重，许多无端的猜疑便失去了产生的根据。

小测试

你对人的疑心适度吗?

下面的简易测验可使你对此有大致的把握。当符合你的情况时得 1 分。

1. 一时找不到东西，你会怀疑是被偷了吗?

2. 你是否怀疑许多人在无人看见的情况下干了不少坏事?

3. 如果事先知道谎言不会被识破，你怀疑很多人都会欺骗别人吗?

4. 你不那么轻易信任别人吗?

5. 你是否常怀疑别人在你背后说你坏话?

6. 在办公室、宿舍，你是否总把自己的信件、日记本等藏得很安全，即使如此，你还觉得藏得不够好?

7. 你经常查对银行存折、账单吗?

8. 你信奉“防人之心不可无”吗?

9. 你是否经常觉得别人不喜欢你？

10. 你相信别人随时都可能骗你吗？

11. 你认为每个人在帮助别人时，都是有个人目的的吗？

12. 在陌生的城市里向人问路，你会问两个人以上才确定吗？

13. 如果对方临时取消约会，你会怀疑他的动机吗？

14. 你认为多数人都不可信任吗？

15. 假如有人称赞你，你是否会怀疑那些赞誉并非真诚？

16. 如果你很顺利地签订了一份合同或办成了一件事，你是否会觉得对方热情得令人奇怪，觉得自己有可能会上当？

17. 如果需要帮助，你是否会向多方寻求帮助，而不只是相信某个人的意见？

18. 你是否认为多数人循规蹈矩的原因是怕犯错误，被人发现而受责罚？

19. 在电话中，当不太熟悉的对方要你的住址时，你是否会犹豫不决？

结果分析

15—19 分：你的疑心很重，你经常怀疑他人的所作所为，时刻抱有戒备之心，不太信任周围的人，害怕他人有不良企图。

10—14 分：或许你本来也是信任人的，然而经验告诉你，世界上还有许多丑恶存在，所以你对人和事会在心中存有戒心。

5—9 分：你有警惕心又不随便怀疑别人。

走出失望的阴霾

失望是一种在日常生活中常有的心情。在现实社会中，人们的活动会与一定的希望关联。当人们感到有希望时，就会充满力量，会信心十足地去争取胜利；而当人们感到没有希望时，就会缺乏行动的动力，活动也就很难持续下去。

一般情况下，意志坚强的人拥有锲而不舍的精神，可以较快地克服失望情绪。但有的人意志薄弱，对失望心存畏惧，认为自己很难克服，所以长期被失望情绪所羁绊。心理学家研究发现，失望是抑郁、悲伤、恐惧的总和，一般表现为消极、被动、自卑和缺乏活力。如何才能战胜失望情绪呢？

1．真心地希望自己可以克服失望情绪。在某种意义上来说，失望是人们用来逃避现实、自我怜悯的表现。所以，怀有失望心情而不愿意去面对社会竞争的人，并不是真心想要克服失望的情绪，失望只是他们的一个借口。而且在现实生活中，每个人都会有或多或少的自虐倾向，区别仅仅在于程度不同而已。这种人一般会以某种消极的思维笼罩自己，以满足把自己蜷缩在一种落魄的灰色气氛中。因此，只有想要真正地克服失望情

绪，才有可能实现这一目标。

2. 静心思考。每天拿出 10 分钟进行有选择的思考，只要能够培养出这种习惯，就一定能够获得良好的结果。静心思考不需要特别地挑选时间，在一天 24 小时之中的任何时间都可以进行。但是在一天之内，一定要有 10 分钟的静心思考时间。首先，找一个安静的场所，避免任何人的打扰，关掉手机。然后找一个舒适的姿势，静下心来，在这 10 分钟里集中精力，思考自己感兴趣的事情。只要能够坚持下去，不久之后就会见到成效。

3. 倾诉。当失望情绪快要将你的心灵压垮时，最好的方法就是找一位能充分理解你，并且能用积极的态度来聆听你所承受的痛苦的人。使用这个方法的关键就是不要情绪化，而是要客观地坦白自己的苦恼，这样便能理性地排除失望情绪。

克服失望的情绪以后，你会发现世界并不是你心中想象的那样灰暗，明媚的阳光、和煦的微风将时刻伴随着你，而你也将以最好的精神状态来回应它们。

失眠治愈班

失眠，是指无法入睡或无法保持睡眠的状态，而导致睡眠不足的现象，又称入睡障碍或维持睡眠障碍，中医称其为“不寐”。失眠是以不能获得正常睡眠为特征的一种病症。有的人一到傍晚临睡，便开始担心，预感到要失眠，处于“又要睡不着了”的失眠恐惧状态。还有的人睡眠很好，当他睡着之后，就算在他的脸上画画他也不会察觉。但在将他唤醒后，他却坚持说自己根本没有睡着，这种情况有人称之为“主观性失眠”。

随着生活节奏的不断加快，失眠症的发生率有明显上升的趋势。几乎每个人都有过失眠的经历，失眠会造成很多麻烦，比如造成情绪的不稳定、注意力难以集中、健忘等。造成失眠的原因是多方面的，精神紧张、兴奋、抑郁、恐惧、焦虑、烦闷等精神因素都可引起失眠，工作和学习压力过大、环境改变、噪声、光和空气污染等环境因素是另外一些重要原因；晚餐过饱、睡前饮茶和咖啡这些不良生活习惯也会造成失眠。

心理医生总结，目前有 6 种心理因素容易导致失眠。

1. 怕失眠心理。许多失眠患者都有“失眠期待性焦虑”，总是担心自己晚上睡不着，或者尽力让自己入睡，却适得其反。“怕失眠，想入睡”，本意是想睡，但这种想法就是使脑细胞兴奋的因素，因此，越是怕失眠、想要入睡，越是让脑细胞兴奋而引起失眠。

2. 做梦有害心理。有不少失眠的人，不能正确地看待睡眠过程中的梦境，认为做梦是睡眠不佳的表现，这些错误的观念往往使人焦虑，从而导致失眠。

3. 自责心理。因为一些过失而感到内疚自责，不断地在脑海里重现自己的过失，并责备自己当时没有处理好。白天因为环境的各种刺激比较多，自责心理相对较弱，但是到夜晚周围环境的刺激变少后，自责的心理便会引起大脑的兴奋，导致失眠。

4. 期待心理。这是指因期待某事而担心睡过头误事，常出现早醒的情况。例如，有的人在晋升、职称评定结果公布前，处于期待兴奋状态，难以入睡。

5. 童年创伤心理。由于童年时曾受到恐吓、重罚等创伤，出现了害怕黑夜而无法入睡的现象。虽然随着年龄增长会逐渐好转，但是在成年后，当受到某种类似童年时期的创伤性刺激后，就会将童年时的失眠现象重演。

6. 受到突发事件的刺激。有的人在受到突发事件的刺激后，因为不能做出正确的反应，导致晚上睡觉时也瞻前顾后，从而始终处于焦急兴奋的状态。

大多数失眠都是由心理因素引起的，因此，只要调节好心理活动，失眠是可以痊愈的。

1. 不要把睡眠看得那么重要。要知道，虽然睡眠是让大脑和身体休息的最好方式，但锻炼也是让身心放松的好方式。如果晚上没有睡好，你可以锻炼一下身体，精力也会一样的充沛。然而失眠患者往往认为人生第一要务就是睡眠，他没有理解睡觉是为了保证身体的健康，身体健康是为了工作和生活。要明白，睡觉并不是人生的目标。

2. 睡眠是人身体的自然反应，不要去控制它，应该采取顺其自然的态度。有的人特别怕半夜醒来后难以入睡，对自己的害怕感到紧张，结果形成了恶性循环。其实，正常人在半夜也会因为各种原因醒来，但是与失眠者不同的人，他们并没有害怕和排斥，反而是完全接受自己的状态。所以，正常人就算在半夜醒了，也会因为心态的放松而在短时间内入睡。

3. 许多失眠的人总是觉得因为自己前一晚没有睡好，所以一有时间就要补觉，结果造成白天睡得很多，晚上却又睡不着的情况。正确的做法是积极参加户外体育锻炼，在睡前别让大脑处于思考状态，最好做一些散步、跳绳等机械枯燥的体力运动，等感觉到累了困了再上床睡觉，这样便会自然地进入放松状态，轻松入睡。

如何战胜焦虑

焦虑是一种惧怕感和对将来的担忧交织的心理状态，通常没有具体的原因。焦虑症患者在发作的前一刻可能还舒舒服服地坐在自己的家里，突然间就被一阵剧烈的害怕和恐慌包围了。他或许清楚地知道没有理由害怕，但是这种感觉仍然没有办法克制。焦虑的功能有时是发出警告，如果我们继续以某种方式思考或行动，就会碰到危险。

要想将焦虑挡在心灵的大门外，我们就必须接受自己的弱点，积极地面对生活中的各种问题，建立强大的自我。强大的自我能够有效应对各种有威胁的环境状况，能够控制并且适当地释放本能冲动。

要克服焦虑带给你的不良情绪，可以从以下几点着手：

1. 用良好的心态面对挫折。遇到挫折时，要用适当的方式来释放内心的郁闷，保持良好的心态，从而避免焦虑心理的产生。要寻找正确处理各种紧急事件的方法，增加自己的心理防御能力。建立广泛的兴趣和爱好，使心情豁达开朗。这些都有助于对焦虑心理的干预。

2. 不盲目接受别人的评价。人产生焦虑的原因还有过多地关注别人对自己的评价，害怕自己没有给他人留下好的印象。实际上，因为每个人的性格、观点、为人处世、价值观等方面的差异，造成你无法得到所有人的称赞，反对意见总会出现。所以要有勇气对别人说：我不会为了迎合你的意见而生存，你的评价仅供我参考。这样便不会因为顾及他人的需要而整日让自己心神不定了。

3. 告诉自己，人并不是完美的。有些人因为过分地顾及脸面或者名誉，总是追求完美，一旦无法达到某个目标，便会焦虑不安。实际上，现实世界中并不存在完美无缺的人，缺陷人人都有。因此要勇敢地对自己说：我不是完美无缺的，我已经尽力而为了。慢慢的你的心情就会松弛下来，不再总是处于莫名其妙的紧张状态之中了。

4. 规律的生活和充分的营养再加上适当的运动，是增强个人适应负面情绪能力的有效方法。我们应认识到焦虑症不是器质性疾病，对生命并没有直接的威胁，告诉自己不应该有任何精神压力或是心理负担。

克服自私心理

蒋乐是某高校大二的学生。蒋乐从小便有些自私，上幼儿园时，蒋乐与同伴一起搭积木，她总用手护着身前的积木，谁也不让碰。幼儿园的阿姨好说歹说她才同意让别的小朋友一起玩。蒋乐很快便把积木搭好了，而其他的小朋友却怎么也搭不好，于是便向蒋乐请教怎样才能将积木搭好，可她却不愿意教别的小朋友。

上了大学，蒋乐自私的性格变本加厉。比如，她习惯小声看电视，就要求别人看电视的时候也不能大声；她讨厌酸菜的味道，就要求同寝室的室友不能在寝室里吃酸菜。无论什么时候，她都挂着一脸的不悦。上大学一年多来，因为自私，她没有交到一个朋友，成了被大家孤立的对象。

自私是指只关心自己的利益，无视他人的感受和利益，只知道满足自己的各种私欲而漠视道德规范、无视社会法律的行为。可以说，自私是万恶之源，虚荣、嫉妒、贪婪、报复、吝啬等许多不良心理都是由自私衍生而来的。

《三字经》里说“人之初，性本善”，也就是说没有一个人是天生自私的。自私的性格是在儿童的成长过程中，因为家长教育方式的偏差或是受社会不良风气的影响而形成的。在现代社会中，因为家长的溺爱，孩子会不自觉地认为自己是家庭的中心，久而久之，便形成了孩子自私的性格。想要防止这种情况的产生，就需要家长把爱倾注在孩子身上的同时，对孩子的需求进行合理的安排，不能满足孩子的不合理要求，甚至合理的要求也不能百分之百地给予满足。

要培养孩子善于分享和承担责任的习惯，比如有好吃的不能一人独享，自觉地做自己力所能及的家务，这样孩子才能养成尊重长辈、关心别人的习惯。此外，家长要以身作则，我们经常听到这样一个故事：有一对父母，对自己的孩子百般呵护，对自己的父母却百般挑剔。一天，孩子看到父母对爷爷奶奶的恶劣态度后，对父母说：“我将来也要像你们对待爷爷奶奶那样对待你们。”

克服自私心理最有效的方法就是心理调节。可以用自我观察的方法来研究自己的心理现象，观察时要有一定的客观标准，例如社会公德与社会规范等，从中找出与社会公德与社会规范的差距，并且逐步修正、缩小这些差距。此外，要乐于付出，想要改正自私心态的人不妨多做一些利他的行为。可以从小事做起，例如让座、借东西等，这样才能感受到帮助他人的快乐，而助人为乐也是人们不可或缺的美德。

小测试

你有自私心理吗？

1. 家里就剩下一个苹果了，你会

A. 与家人分享。

B. 独自享用。

2. 办公室或者家里的地板很久没有打扫了，你会

A. 主动打扫。

B. 让别人去扫。

3. 领导或者老师公开表扬其他同事或同学时，你会

A. 很高兴。

B. 没感觉。

4. 现在你的皮夹里有多少钱？

A. 不知道，不过肯定够用的。

B. 知道有多少钱，甚至有几分钱都记得。

5. 办公室的窗户被风吹开了，你会

A. 主动去关上。

B. 假装没有看见。

6. 壶里的水烧开了，你会

A. 主动去灌。

B. 等其他人灌。

7. 办公室或教室里的一把扫帚倒在了门口，你经过门口会

A. 主动扶起它。

B. 不管它。

8. 你坐在公共汽车上，遇到老弱病残孕的人没有座位，你会

A. 主动给他们让座。

B. 假装没有看见。

9. 有人晕倒在路边，你会

A. 帮助他去医治。

B. 视而不见。

10. 你会为别人的利益牺牲自己的利益吗?

A. 会。

B. 不会。

结果分析

选择“A”得 1 分，选择“B”得 2 分。

得分在 14—20 分之间，你有比较严重的自私心理；

得分在 1—13 分之间，你的自私心理还可以容忍。

纠正偏执心理

偏执型人格，其行为特征表现为：极度敏感，对他人给其造成的伤害或侮辱耿耿于怀；思想行为固执呆板、心胸狭隘、爱嫉妒，对别人获得成就或荣誉感到紧张不安，会在被嫉妒者的背后说风凉话，或公开抱怨、指责他人；自以为是，对自己的能力估计过高，习惯性地将失败和责任归咎于他人；同时很自卑，习惯过多过高地要求他人，不能正确客观地分析形势，遇到问题极易从个人感情出发，带有相当的主观片面性；如果建立家庭，便常怀疑自己的配偶不忠，等等。

这种人在家不能与亲人和睦，在外不能与朋友、同事相处融洽，别人只好对他敬而远之。因此，如果发现自己有这方面的倾向，就一定要调整好自己的心态，克服多疑敏感、固执、不安全感和以自我为中心的不良心理，让自己更好地投入学习和工作当中。

因为偏执的人大脑中的非理性观念占优势，喜欢走极端，所以，想要改变偏执行为，必须先理性地分析自己的非理性观念。例如，我只相信自己，因为这个世上是没有好人的；当别人对我发起进攻时，我应当立刻予以反击，让他知道我比他更强等。应当对这些观念加以改造，将其中偏激的成分去除。例如，这个世界上好人与坏人是同时存在的，这样才是平衡的，我应该相信那些好人。当别人对我发动进攻时，立刻反击未必是上策，我应该首先判断自己是否真的受到了攻击。

当原本偏激的思想再次出现的时候，就应当把已经改造过的观念默念一遍，以此阻止自己可能出现的偏激行为。如果自己已经在不知不觉间将偏激行为表现出来了，就应该在事后对自己当时的想法进行分析，然后做出理性的思考，以免下次犯同样的错误。

因为偏执的人容易对他人或周围的环境产生敌意和不信任感，所以可以采取以下的训练方法，以增加克服敌意和对抗心理的成功率。

首先，要时常提醒自己，避免陷于“敌对心理”的旋涡当中。应当事先进行自我提醒和警告，并且在待人接物时注意纠正，这样便会明显减轻敌对心理和强烈的情绪反应。

其次，要懂得尊重别人，只有尊重别人才能得到别人的尊重。要对那些帮助过自己的人表达你的感谢之情，而不是不疼不痒地说声“谢谢”，更加不能不理不睬。

再次，学会向认识的人微笑。在刚开始时，可能会感到很不习惯，会做得不自然。但是必须这样去做，而且要努力去做好。

最后，要在生活中学会忍让和对他人有耐心。在生活中冲突和摩擦是难免的，需要忍让和克制，不能让自己敌对的怒火将自己烧得晕头转向，只有这样才会渐渐地看到自己的改变。

告别逆反心理

小玲从小就聪明伶俐，非常听爸妈的话，人也长得非常漂亮，是一个人见人爱的好孩子。上初中时，她因为经常向班上的学习委员小伟请教难题，所以来往比较密切，再加上两家住得也比较近，所以上学放学常一块儿走。但是，他们之间的纯真友谊却被小玲的父母认为是不正常的，他们认为她早恋了，于是经常暗中盯梢。

一天放学后，小玲因为自行车坏了，所以就让小伟载着她回家。到家时刚好碰到了小玲的母亲，小玲还没有下车，母亲便开始责骂她："不知羞耻，还在做学生就开始谈恋爱。"突如其来的责骂让小玲有口难辩，觉得无论如何解释都是没用的，于是一气之下便说："你们硬说我们在谈恋爱是吧？那我们就谈给你们看！"结果，他们的友谊果真发展成了爱情，最终两人离家出走了。

逆反心理是指人们为了维护自尊，面对他人的要求而采取相反的态度和言行的心理状态。逆反心理并非青少年的专利，在人们成长过程的不同阶段都有可能出现这种心理，且有许多种表现形式。例如不认同、不信任正面宣传，习惯性进行反向思考；对榜样进行无端猜疑，甚至是否定；对不良的倾向持认同态度；对思想教育以及行为守持消极态度等。小玲的转变就是由逆反心理带来的。

以下三种情况容易诱发人的逆反心理：

1. 强烈的好奇心。人或者事物的神秘感容易引起人们强烈的好奇心，尤其是当某种事物被禁止但又不加任何解释的情况下，人们的好奇心更容易被勾起。浓厚的神秘色彩极易引起人们的推测和猜疑，以致产生不顾禁令地去寻根究底的冲动。例如，如果在一本书的前言中提醒读者请勿先阅读第八章第五节，那大多数读者一般会采取与告诫相反的行为。

2. 企图标新立异。有一部分具有逆反心理的人是因为想要引起他人的注意，所以喜欢通过否定权威和标新立异来获得自我肯定的满足感。所以，他们往往有意采取与他人不同的态度和行为，以表现自己的与众不同。

3. 特殊的生活经历。比如，有的人多次失恋，便认为人世间没有真正的爱情。在特定的条件下，事情的结果与当事人的主观愿望相反，便产生了与常态性质相反的逆向反应，这是逆反心理的典型表现。这种心态会经常性地影响他的一举一动，成为他言行举止的特征。

逆反心理是一种单向、固执偏激的思维习惯，它让人无法客观准确地认识事物，因而采取错误的方法和途径去解决面临的问题。逆反心理会构成一种狭隘的心理定式，使其无论在什么时候都习惯性地与常理背道而驰。

增长见识、提高个人的修养是克服逆反心理最根本的途径。博闻强识可以使人避免偏执和固执，如果一个人有着广博的知识，仅凭直觉便能察觉到事物的荒谬之处，从而采用更科学、更宽容的思维方式来看待问题。

逆反心理让人们没有办法对事物做出正确的判断，而是让思想仅仅停留在“针锋相对”的狭隘定式中。如果一个人的思想被逆反心理束缚住，那么他的视野就会变得狭隘。所以，对有逆反心理的人来说，培养想象力也是十分重要的，它会让一个人的思路变得开阔，从而使自己从偏执中得到解脱。

病态怀旧症

一天，一个年轻人走进一家心理诊所。医生问他："有什么事情让你不痛快吗？"于是，他说出了让自己烦恼的事情。医生播放一段音频，对年轻人说："在这段音频中，有3段我的病人们说的话，你要做的是找出这3个人说话的共同点。"

听完录音后，年轻人在这3个声音中找到了共同点：他们都说了"只要""如果"。

医生说："'只要''如果'这4个字，并不能改变事实，但是却会让我们后退而非前进。如果你把使用这几个字变成了习惯，那么这几个字将会变成阻碍你成功的真正障碍，因为，这是你不再去努力的借口。而在刚刚的谈话中，你从头到尾使用的都是过去式，而没有提到未来。"

在医生的开导下，年轻人终于意识到，自己还没有从过去的错误中走出来，只是自怨自艾地沉浸在过去的痛苦之中，没有积极地去改变现在的处境。医生告诉年轻人他已经患上了严重的“怀旧病”，高频作用“只要”“如果”这一类的字眼就是“怀旧病”的主要特征之一。

病态怀旧心理往往是由于对周边环境的不适应或者是失落感造成的。而患者又因为不愿意面对这种不适应，而将遇到的挫折合理化，把原因和责任推给环境或变化而不承认是自己的原因，因而采取逃避或对立的态度。这样往往会造成更大的挫折和不适应，形成恶性循环。

病态的社会怀旧心理对社会抱有偏见，片面地认为今不如昔，甚至将过去的东西过度地夸大美化，从而不能做出客观的评价。有这种怀旧心理的人虽然不会忘记老朋友，但是却很难结识新朋友，再加上大量的挫折和失败，便会增加适应环境的难度，从而导致成功的机会大大减少。

人类的大脑总是将过去经历的不好的事情忘记，只留下美好的事情，所以人对过去的回忆是片面且不准确的。怀旧正是起源于个人的失落感，它将导致患者从昔日的宁静中寻找安慰。而病态怀旧的人往往过度自尊或过度自负，或是两者的结合体。因此，战胜病态怀旧心理，关键就在于增强患者的信心与心理承受能力。

要明白海市蜃楼远不如眼前的一根香蕉实在，不要陷入对过去的过度追忆中。如果对新的事物难以立刻接受，便可以从新旧结合做起，在新旧事物之间寻找一个突破口，如不忘老朋友、结识新朋友等。正常的怀旧有寻找宁静、维持心灵平和的积极功能。积极的方面多一些，病态的心理就会减少一些，所以正常的怀旧没必要回避。

摆脱过度依赖心理

史蒂芬·霍金被称为“另一个爱因斯坦”，是当代最重要的广义相对论和宇宙论物理学家。然而，霍金在40年前便患上了“卢伽雷氏症”，也就是“渐冻症”，但是身残志坚的他克服了种种困难，成为国际物理学界的超新星。

霍金的魅力不只因为他是一个物理天才，更因为他是一个令人折服的生活强者、是一个“敢于向命运挑战的人”。因为患有肌肉萎缩性硬化症，他近乎全身瘫痪，但仍在1988年出版了《时间简史》，是全球最畅销的科学著作之一。

从古至今，人们对成功秘诀的表述数不胜数，而实际上，成功的秘诀无外乎“坚强的意志”。每个人都渴望能够功成名就，可是只有渴求成功并且有坚强意志的人，才有可能登上人生的巅峰。而那些意志薄弱的人，失败是他们唯一的结果。

意志是人类拥有的一种神奇的力量。意志作为人类思维的一种，尽管有许多人对它的原理、功能、积极性作用及其局限性的看法不尽相同，但所有人都承认这样一个看法：意志在人类的精神领域中占据着重要的地位，意志可以影响我们一生的成败。

但意志有一个天敌，就是人的依赖心理。而史蒂芬·霍金之所以取得让世人惊羡的伟大成就，也是因为他不因自身的病痛和残疾而怨天尤人，不依赖别人，凭借顽强的意志在科学的王国里探索和挖掘，终于找到了人生的宝藏。但是每个人都有不同程度的依赖心理，所以，要想锤炼自己的意志，首先要做的就是战胜自己的依赖心理。

依赖心理的主要特征是过分地依赖他人，缺乏自立、自信、自主的能力，意志薄弱、优柔寡断，遇事犹豫不决、瞻前顾后。具有过度依赖心理的人在日常生活中很难单独进行活动，完成自己的计划，他们总是依赖他人为自己做出决策或指明方向。依赖心理是一种消极心理，它影响个人独立人格的完善，让人失去主动性、积极性和创造力。

冰冻三尺，非一日之寒，依赖心理也不是一天两天形成的，而是一个长期的过程，是多种因素相互作用的结果。依赖心理的产生主要有两方面的原因：一是由于教育不当引起的心理依赖，二是由自卑心理衍生出来的心理依赖。而要克服自己的依赖心理，也并非一朝一夕能够解决的，需要长时间的坚持和努力。

想要摆脱依赖心理，首先必须承认依赖。一般情况下，有依赖心理的人难以把握自己，他们不知道怎样才是正常的状态。如果你发现自己：无法独立完成一件工作，哪怕只是一件很简单的事情；征求别人意见成为自己遇到问题时想要做的第一件事；明知某件事的影响很坏，可就是没法放弃，总是在重蹈覆辙。哪怕只符合上面的一条，你就已经在依赖心理的边缘徘徊了。如何战胜依赖心理呢？

首先，要培养自己忍受孤独的能力。有依赖心理的人需要学会享受一个人的时光。当自己一个人独处的时候，并不代表被别人孤立。一个人独处的时间有助于客观地认识自己，是改善依赖心理的关键一步，也是形成自己独立个性所必需的。

其次，学会转移注意力。想要摆脱依赖，最好的方法就是扩大自己的社交圈子。例如认识新的朋友、学习新的技能、培养新的爱好等。长久地将自己的兴趣固定在某一点上，不利于摆脱依赖心理，要帮助自己想出更多获得安全感的方法。

再次，产生依赖心理的人，有时对自己会非常苛刻。他们希望自己能变得更加坚强和独立，但是过度的自我控制有时反而会适得其反，稍不注意便会越陷越深。如果在做一件事情时失败了，不要过分地责怪自己，更不要强迫自己，要学会安慰自己。因为摆脱依赖是需要过程的，并非一朝一夕之功。

最后，及时寻求心理医生的帮助。有时要想从依赖心理中解脱出来，单靠一个人的力量是不够的。在摆脱依赖心理的过程中，新的压力也会产生。向心理医生寻求帮助时，医生会从谈话中发现本人从未察觉的一些情况，并有针对性地做出指引。

虽然意志是与生俱来的，可是这并不代表它是一成不变的。坚强的意志可以成为我们生活的支柱，而薄弱的意志则会成为我们前进的绊脚石。有这样一句话——“成功与失败最终将取决于意志的较量。”因此，从现在开始磨炼自己的意志吧，坚强的意志将支撑你登上人生的巅峰。

“恐婚”怎么破

在一个热闹的婚宴上，新郎突然发现新娘不见了。新娘的母亲在饭店的卫生间里找到了女儿。身披雪白婚纱的新娘正坐在马桶上哭。母亲吓坏了，在母亲的反复追问下，新娘说出了缺席的原因。原来，新娘对婚姻有一种莫名的恐惧感，只要一想到自己从此以后要和一个曾经毫不相干的人共同生活，便觉得不能忍受，更何况还要一起睡觉、生养孩子。而且，她还害怕结婚后老公会“原形毕露”，不再是婚前的他了。母亲听了女儿的话后，给她讲了一个故事：

一天，一个年轻的妈妈在收拾厨房的时候摔了一跤，将手中的碗摔碎了，扎破了手。这时她突然想到，如果将来自己的孩子不小心摔碎了碗，也将手扎破了，是一件多么可怕的事情啊！想到这里，她伤心地哭了起来，她的婆婆听到儿媳妇在哭便赶了过来，一听说自己的孙子在将来可能受伤，也哭了起来。孩子的姥姥听说孩子“将来的不幸”后，三个人哭成了一团。

母亲问女儿："你觉得她们可笑吗？"女儿笑了。她将眼泪擦干，跟母亲回到了婚宴上，就好像什么事也没有发生一样。

恐婚症是一种极具代表性的现代社会心理疾病，这种心理疾病的成因是对婚后生活的过多考虑，在面对婚姻时的表现就是对结婚的恐惧、焦虑和逃避。许多人因此而推迟婚姻，甚至宁愿独身，也不愿意跨入婚姻的殿堂。

一般来说，没有责任感的人容易患恐婚症。因为个性不够成熟、依赖性很强且生活能力差的人，容易对即将来临的婚姻生活感到紧张和焦虑，只有成熟且具备责任感的人才能很好地履行婚姻生活。那些不够成熟和一味依赖他人的人，往往留恋不需要承担责任的恋爱期，进而对进入婚姻期产生了焦虑。

对婚姻矛盾和冲突过度忧虑的人也会对婚姻产生恐惧感。这些人或是受到父母婚姻不和的影响，或是看到周围朋友婚姻破裂的实例，从而产生了一种消极的思想，造成了婚前的过度忧虑。此外，对婚前自由生活过于依赖的人也很容易患恐婚症。他们担心一旦结婚，便会丧失自己的独立性和自由度，怕被另一伴、孩子套牢，怕婚姻毁了自己现有的快乐，因而对婚姻不自觉地产生恐惧。

对于那些即将步入婚姻殿堂而感到忧虑的人，最好的办法就是给他们留一段充分的时间，让他们对自己的心理进行适当的调整。可以与恋人多多沟通，特别要多沟通婚后生活的安排和设想。只有着手改变，而不是深陷忧虑时，婚姻恐惧症才会得到缓解。

染上恐婚症的人，会对未来婚姻有一种恐惧感。在婚前究竟恐惧什么呢？让我们来见招拆招。

1. 相信“婚姻是爱情的坟墓”。许多结过婚的人都说“婚姻是爱情的坟墓”，不管爱情是多么美好，只要进入了婚姻，激情和甜蜜也就消失了，剩下的只有无尽的烦恼。要改变这种念头，首先要摆脱对婚姻生活的幻想，不要片面地认为爱人样样都好。要知道，新家庭的诞生，就意味着要为家庭尽义务。婚姻意味着互相奉献和体谅，在婚前就要有为未来的家庭付出的决心和准备。

2. 担心与对方家人合不来。每个人都有自己的生活习惯，所以，相互间的摩擦也就没有办法避免。一些即将结婚的女孩子一想到今后就要与公公婆婆住在一起，便会产生担忧。要消除这种担心，就需要做好适应新生活的精神准备。要知道，结婚不仅只是为了与爱人生活在一起，还要与双方的父母和兄弟姐妹相处。而且无论与谁生活在一起，都会有一个磨合、适应的过程，因此，没有必要为婚后的生活产生恐惧。

3. 害怕离婚。在现今社会，我们一打开电视、网络便会发现有很多出轨离婚的消息。特别是很多单亲家庭长大的人，特别害怕结婚后又离婚，所以他们干脆就决定不结婚。其实只要仔细观察一下周围的人就会发现，离婚的案例并不是那么多，只是因为媒体的报道比较集中而已。只要用心经营，婚姻真的会很美好！

婚姻就像一双鞋，是不是合脚只有自己才知道。如果你拒绝穿鞋，或许有一天你便会因为赤脚而行踩到钉子，那时你才会意识到婚姻是对爱情的一种保护。

心灵镇静剂

镇静剂能给人们带来安宁和平静。实际上，每个人都拥有属于自己的心灵镇静剂，如果你学会运用它们，你甚至可以成为自己的心理医生。假设你正舒服地坐在家中读着书，这时，电话突然响了。电话铃声就是一种信号或刺激源，根据习惯你连想都没想，便会去接听电话，你从一个舒服的状态下一跃而起，向电话奔去，因为这种外部的刺激源对你具有“调动”的效果。它将你目前的心理状态、动作改变了，这种改变便是你对环境中的外部刺激所做出的反应。

实际上如果愿意，你可以拒绝响应这个外部信号，从而继续安静、放松地坐在原处，这样外界信号便没有支配你的力量了。你没有作出响应并不是“做什么”，而是什么也不做，即是从“做出反应”的状态中放松下来。只要你无视信号，它便会失去支配你的力量。这里的电话铃声只是一个比喻，通过这样的方式，每个人都可以通过自我调节，对环境中的各种刺激做出适当的反应或者不做反应。

心理学家曾经做过一个实验，在一只狗面前摇响铃铛，然后将食物送到狗的面前，如此反复很多次以后，只要铃声一响，不管主人是不是将食物拿出来，狗都会分泌唾液。在我们身边存在着大量的刺激源，是“像一只狗那样被控制”还是堂堂正正做一个人，是要由我们自己来决定的。

在消除条件反射的一开始，我们可能会发现自己很难做到对“铃声”不做出反应，特别是“铃声”在我们的意料之中时，想要不理它就更难了。这时你可以通过推迟做出反应的时间，来达到屏蔽刺激源的效果。例如，一个患有社交恐惧症的人可以通过告诉自己“推迟两分钟，推迟两分钟我再离开”的方式不让自己逃走。逐渐地将推迟的时间延长更久，便能消除这种对外界刺激的“条件反射”。

最后，我们应该建立一个只属于自己的“散兵坑”（军事术语，又名单人掩体）。在“二战”末期，有人说哈里·杜鲁门总统承受的压力比此前历届总统都要大。杜鲁门是这样回答的：在我的脑中有个躲避外来‘炮火’的散兵坑。就像士兵遇到敌人猛烈进攻时，会撤进自己的散兵坑以保护自己和恢复体力一样，我也会定期回到自己心灵的‘散兵坑’，在那里任何外界的事物都不会打扰我。

因此，除了对外界刺激做到不响应之外，建立一个只属于自己的“心灵散兵坑”也是相当重要的，因为它将是你应对外界刺激的好方法。

情绪的晴雨表——器官

要知道，胃是最能反映出我们情绪的器官之一。列举一个大家都有的经历，如果我们的情绪很好，那么我们胃口也会好很多。然而，当生活不顺心，心情不好的时候，我们就会觉得完全没有食欲。可是，如果紧接着得到一个让人振奋的消息的话，我们又会胃口大开。据统计，50% 自称溃疡痛的病人并不是溃疡，疼痛的原因只是胃部的情绪性肌肉疼痛而已。

> 有一个杂货商很苦恼，本来生意上的竞争就已经相当激烈了，他的儿子还经常给他惹麻烦。结果，他因为杂货店和儿子的关系，胃总是疼个不停。有的医生告诉他，他得了胃溃疡，然而又有相熟的医生告诉他并没有得胃溃疡。后来，他终于相信自己并没有得胃溃疡，因为有一次他离开家两周，而在这两周里他的胃一次都没有疼过。但刚刚回到他居住的小镇，他的胃就又开始疼了。
>
> 经过心理医生的分析，他胃疼的原因是到了他居

住的镇子上，就意味着他又回到了一大堆麻烦当中，所以，疼痛就又回来了。

同样，人体的其他器官也是心情的晴雨表。例如，每次焦虑时，后颈的肌肉都会变得紧张。而有些人在某种情绪的影响下会让结肠的某一部分紧张，如果这种痉挛恰好发生在腹部右上方的结肠部位，便会导致类似于胆结石的绞痛。

有一位73岁的病人，患有严重的泛发性皮炎，但是他在68岁之前从未患过任何皮肤病。据他讲，他67岁时妻子去世了，在第二年也就是他68岁的时候与第二任妻子结婚，在蜜月时首次患上皮炎。等度完蜜月之后，皮炎已经发展到特别严重的程度，以致他不得不住院治疗。在病情有好转后出院回家，但是回家不久皮炎又再次复发。

有次他因为外出去了几百公里外的一个小镇。在外出的一周里，他的皮炎竟然痊愈了，但在回家后皮炎又一次复发。后来，他的妻子因为要去照顾一位生病的亲戚而离开家，而他独自一人在家一周后，皮肤又正常了，这样他患皮炎的原因已经完全清楚了。医生问他："你觉得你的第二个妻子怎么样？"他毫不迟疑地回答："我简直没有办法忍受她，她实在太专横跋扈了。"

通过情绪与身体器官的关系可以看到，人的不良情绪会引发疾病是不争的事实。意识到这一点，我们就可以设法避免那些会引起疾病的情绪。这对我们的身心健康是至关重要的。

远离厌食症

洋洋是正在上初中二年级的女孩，性格活泼开朗，但是她最近却有着自己的苦恼。原来，在升到初二的时候，她渐渐有些发胖，于是有些同学总是拿这一点跟她开玩笑。这让她的心里非常难过，因为害怕会继

续发胖，所以便开始有意地节食。从一开始每天吃两顿饭发展到只吃早饭，最后每天只是喝水和吃少量的水果，即便很饿，也忍着不吃东西。

洋洋为了不让父母担心，便在吃饭的时候假装吃一些，但是吃完饭就偷偷地跑到卫生间，把刚刚吃下去的饭菜都吐出来。

几个月下来，洋洋的体重从100斤减至68斤。体重虽然减了下来，但是洋洋的身体大不如前了，经常情绪低落、精神恍惚，上课的时候也是昏昏欲睡，有几次甚至晕倒过去。家人带她到医院检查，经诊断，洋洋得了厌食症。

有句俗话说："人是铁，饭是钢，一顿不吃饿得慌。"饮食是人类生存的根本，我们每天都需要吃饭，以获取足够的养分和能量。如果不吃饭，我们便会感到虚弱无力，甚至引起身体上的疾病。

厌食症一般多发于10—30岁年龄段的人中，女性比男性更加容易患厌食症。厌食症很多是由心理因素引起的，而非消化系统器质性疾病导致。因此，厌食症也称为神经性厌食症。

厌食症最明显的症状是厌食，没有任何食欲。或是有食欲，但是吃一点便会觉得胃部饱胀不适，如果强迫进食便会引发呕吐，久而久之便会导致身体日渐消瘦，严重的话会影响人们正常的工作、生活，甚至危及生命。在日常生活当中，有许多人为了保持身材而刻意节食，最终因为过度节食产生厌食症状引起身体器官衰竭，进而导致死亡。

厌食症的产生与人们的情绪有着密切的关系，我们一般都会有这样的经验。心情好的时候，会觉得饭菜比平时要香，而我们吃的也会比平时多；但如果心情不好，看到饭菜便会有一种本能的抗拒。一般来说，当人突然受到精神创伤或者长期处于心情抑郁的状态下，便会导致不同程度的神经性厌食症。

一般情况下，导致厌食症的主要因素有以下几方面：

1. 身体因素。无论是男孩还是女孩，在青春期身体都会有一些变化。尤其是女孩，随着第二次发育，身体会出现明显的发胖。许多女孩对此感到惶恐不安，因为羞怯不去询问父母，希望身体能够恢复到发育前那样，于是开始节食，从而导致厌食症。因此，青春期也是厌食症的一个高发期。

2. 心理因素。有些人常有争强好胜的心理，希望得到别人的赞美，而另一方面他们的性格又不成熟、不稳定，这一类人常常会因为外界的刺激而导致情绪低落或内心压抑，这些都会对人的食欲造成一定程度的影响，久而久之就会导致厌食症的发生。

3. 外界因素。外界的社会观念会对人们的价值观造成一定的影响。很多人是以瘦为美，所以为了让自己更漂亮，而通过节食来达到瘦的目的。特别是从事一些必须保持身材的职业的人群，如舞蹈演员和时装模特等，他们是厌食症的高发人群。

想要预防厌食症，首先要定时进餐，控制零食的摄取。其次，要注意饮食的合理搭配，还要注意不要在饭前吃甜食和冷饮。另外，不偏食、不挑食也是防止厌食症发病的重要因素。对厌食症除可以采取药物治疗外，心理治疗更加重要。

制服暴食症

小宋在半年前与男友分手了，为此，她总是沉浸在失恋的痛苦中无法自拔，为了宣泄内心的痛苦和压抑，她买了许多零食，天天躲在家里吃。每当把一大堆零食吃完后，她都会感到心情舒畅一些。自此以后，每当不开心的时候，小宋就大吃一顿，时间一长小宋就养成了暴饮暴食的习惯。整日的过量饮食，再加上本身就有些胖，小宋的身材开始变得臃肿起来。

开始她并没有在意，直到有一天，她看着镜中臃肿不堪的自己时，才意识到自己太胖了，需要减肥了。于是，她开始控制饮食，想要靠节食来减肥。但由于她已经养成了暴饮暴食的习惯，一时间无法减少饮食的分量，便通过药物排泄自己吃下去的东西，时间一长便把自己的肠胃折腾得非常难受。

暴食症又叫神经性贪食症，发病者多为女性，是一种比较常见的心理疾病。暴食症与厌食症相反，暴食症患者，即使不饿也无法控制自己的食欲。一般情况下，一些人在面对压力或者遭受挫折时，就会通过暴饮暴食来调节自己的情绪。

在现实生活中，使用暴饮暴食来缓解生活压力和内心痛苦的人不在少数，暴饮暴食除了会对人的肠胃造成伤害外，还会让人产生精神上的依赖，最终转化成暴食症，让本应该好好享受的美食成了健康的杀手。

暴食症患者往往都缺乏自信，在外在的压力下，常常习惯于靠食物来发泄。所以暴食症属于精神上的异常，患者在生理上并不需要进食，但是心理上却一直处于饥饿状态，只能靠不断地进食来满足自己的食欲。暴食症患者会抵挡不住食物的诱惑，而在暴饮暴食之后又意识到自己的行为并不正常，因而产生恐惧，于是用刻意节食、催吐等方式减肥。

暴食症的危害是巨大的。因为吃得太多容易发胖，而为了追求苗条的身材，暴食症患者又会服用过量的泻药和减肥药品；而且为了缓解肥胖带给自己的苦恼，有些患者还会大量地饮酒，最终导致脱水、肾衰竭等。

暴食症患者经常与自己的思想做斗争，结果让自己备受折磨。那应该采取怎样的措施来缓解这种心理疾病呢？因为暴食症患者往往伴随着自我贬低的心理状态，因此，提升个体的自尊是很重要的。暴食症患者应该学会用其他方法缓解在生活以及情感上的压力，而不是把饮食当成发泄痛苦的方式。

想要制服暴食症，就必须改变自己的思想观念，下定决心改掉这种不良的生活习惯。在进食时要给自己一些积极的心理暗示，如我的身体不需要这么多的营养，我吃得已经足够了，这样在一定程度上可以起到控制食欲的作用。

暴食症患者因为害怕受到别人的歧视和嘲讽，所以喜欢躲起来。其实，在这个时候及时向别人求助，找一个值得信赖的朋友来监督自己，对治疗暴食症是有帮助的。在别人的关注下，暴食症患者在进食时会有所克制，会比较容易达到控制饮食的目标。

对暴食症患者来说，控制饮食是一个长期的过程，需要拥有坚强的意志，因为暴食症不像感冒发烧，吃药后很快便会康复，它与戒烟戒酒一样，需要坚持不懈的努力。因此，在治疗过程中，如果患者意志不坚定，就容易半途而废，甚至是重蹈覆辙。

暴食症患者只要积极地调适自己的心理状态，合理地控制每日的饮食，暴食症就会逐步治愈。

第五章

潜能激发术

——这辈子不能就这样

每个人的身体里都有一个潜能无限的小宇宙。有的人觉得自己在命运面前无力无助，甚至认为自己一无是处，只能做一个失败的人，庸庸碌碌地过一生。这辈子难道只能这样吗？不是的，如果你找到了唤醒内心小宇宙的方法，同样可以成为一个优秀、幸福的人。

怎样开发你的巨大潜能

潜能对于每个人来说都是无限的，然而很多人终其一生，也只能开发自己潜能的一小部分而已。心理学家威廉·詹姆斯曾说："我们每个人都只运用了身体和精神上的一小部分资源，我们实际上只是醒了一半而已。"在人们身上，有以下几种潜能在等待我们进一步开发。

1. 精神的潜能。一个有智慧的人，不仅可以发现别人的优点和缺点，同时也能发现自己的优缺点，并且不断地修正缺点。如果你自己的价值观是明确的，并且采取了相应的行动，那么在精神方面你就永远是有智慧的人。

2. 身体的潜能。人的身体拥有巨大的潜能。无论是演员、运动员还是工人，凡是依靠体力工作的人都知道，经常锻炼可以增强身体素质。为了使身体保持灵活，你应该使运动成为习惯，并且吃健康的食品。每个月工作了 21 天后，你会产生疲惫的感觉，这就是你的身体自发产生的对锻炼的要求，这有助于维持强健的身体。记住，要学会遵从自己身体的需要。

3. 创造的潜能。创造可以是画一幅画或者发明一种工具，也可以是做一顿晚餐，就连打理花园也是创造。你可以试着做个经常想入非非的人，不妨做个试验，当清晨起床时，可以将梦作为日记记下来，并且用想象力来延续它，也可以试着把一根铁丝可以做出来的所有东西都记录下来。想法是不是有很多？好极了，这说明你也像电话的发明者贝尔一样有无穷的创造力。

4. 计算的潜能。每个人都具备计算能力。许多人认为，计算能力是一种天赋，其实这种看法是错误的，计算能力是需要被激发出来的。在用计算器计算之前，你可以先用大脑进行计算。你可以试着经常进行诸如工作占用了多少时间，有多少时间是与家人在一起的，学习和睡觉用去了多少时间等这一类的

计算。相信在经过有意识的训练之后，你也可以拥有高超的计算能力。

5. 文字表达的潜能。扩展自己的文字财富，试想一下，如果你现在已经掌握1000个词汇，那么哪怕你每天在大脑中只增加一个新的词汇，一年后你的表达能力便会提高36%。开发文字表达潜能的最好办法是多看书，多练习写作。

6. 空间潜能。调查表明，出租车司机的大脑随着开车时间增加会变得越来越灵敏，这是因为城市的情况都被他们储存在大脑中了。因此，空间潜能的发挥与社会活动有着非常紧密的联系。

轻松的心态可以释放潜能

传说达尔文有过这样一个经历，在整理《物种起源》时，他花了好几个月苦苦思索书中想要表述的一些想法，这令他非常苦恼。有一天，他外出办事，坐在马车里时却突然有了意外的收获。那个寻找了几个月的答案一瞬间从眼前掠过，这让他兴奋不已。对他来说，这是一种奇迹。

从上面的事例中不难看出，许多伟大的想法都是在紧张的工作后，在一个放松的时间内产生的。美国心理学先驱威廉·詹姆斯也同样证明了这一点。许多人有意识地想要摆脱焦虑自卑感，但是却失败了。反而在他们放弃挣扎，不再有意识地想要解决问题时，却获得了解放。于是，詹姆斯归结为：成功的法则是放松而不是紧张，要对命运的结果处之泰然，要懂得很好地休憩，这样才能发现另一个伟大的自我。

很多人会错误地认为这些“下意识的思维活动”只会在科学家、发明家等天才的身上才有，认为这是“天赋的才能”，其实，每个人都有这样的“天赋的才能”，只是尚未被开发出来而已。那如何才能开发出这种才能呢？我们可以从心理学的角度去挖掘这种才能。

首先，我们要有一个坚定有力的目标。有追求，才会有动力，想要成功就必须有个自我实现的“目标”，而且我们必须认识到，这个目标不能脱离实际，不能是凭空想象出来的，我们要有足够的信念相信自己能够完成。

其次，为自己制定有明确目的性的，且永远都指向“最终结果”的阶段目标。或许，现阶段的努力并不能让你取得预期的效果，但不要因此而丧失信心。要及时地调整自己，不断地思考并修正通向成功的道路，这样才有可能取得成功。

再次，要有承受挫折和圆滑应对的能力。暂时的失败和挫折都是在所难免的。在你追赶猎物的过程中，会有很多其他的动物出现在你的眼前，但是你不要被外物干扰。只有不停地修正路线并且前进，才有可能找到通往成功的道路。因此，你还要学会各种为人处世、周旋于不同人之间的技巧，这样才能在干扰中寻找到成功的道路。

最后，要信任自己潜在的“创造机制”，不要过分有意识地强迫它工作。

压力可以激发人的潜能

何圆圆应聘到某企业做文员。起初的几个月，一切都还比较顺利，但是，好日子很快就结束了。何圆圆的顶头上司——办公室主任想安排熟人进来，但办公室的岗位已经满员，必须得有人走才能腾出岗位来。主任将目标锁定在刚来不久、立足未稳的何圆圆身上。

按规定是8点上班，主任要求何圆圆提前1个小时，7点必须到办公室，打扫卫生，整理文件。虽然何圆圆的家离办公室很近，但中午也不准回家，由于单位没有食堂，何圆圆只好自己带饭，中午在办公室里对付一下。下班的时候，主任又会安排一大堆文件让何圆圆录入，而且第二天一早就要提交。没有办法，何圆圆只好将文件带回家，等家人睡觉之后，自己坐在电脑前熬夜打文件。

虽然何圆圆拼命地工作，但主任还是不满意，想方设法地找她的麻烦，只要在文件里发现一个错别字，就当着同事的面破口大骂，毫无领导风范。实在没有文件要打，他就找出一些报纸上的文章，让何圆圆录入电脑，再打印出来给他看，理由是自己视力不好，报纸的字太小，看不清楚。

何圆圆被折腾得疲惫不堪，但她为了生活，不得不咬着牙坚持。那些日子里，她经常是凌晨一两点才上床睡觉，四五点又要起床，整个人疲惫不堪，濒临崩溃的边缘，但她仍然咬着牙坚持。

一边跟主任僵持着，何圆圆也一边为自己寻找后路。她报名参加了公务员考试，但连续3年都没被录取。主任抓住了这个把柄，一边批评她不安心工作，一边嘲笑她说："就你还能当国家干部？做梦吧！"何圆圆没有气馁，还是坚持报名，继续朝着自己的目标努力。

功夫不负有心人。4年后，何圆圆终于通过了公务员考试，成为当地某机关的公务员。由于过去的经历，她特别珍惜这来之不易的岗位，工作努力，办事效率高，待人热情真诚，很快得到了领导和同事的认可，与大家相处融洽，她终于迎来了云开雾散、阳光明媚的好日子。

何圆圆陪同领导到原来工作的企业视察，刚好那个当初欺负她的主任负责接待，见到何圆圆，他的表情非常尴尬。何圆圆却非常大方地走了上去，跟他打了招呼。如今，何圆圆已经不再记恨这个人，反而有些感激他，如果不是他的打击和排挤，可能自己至今还是个办公室里的文员，不会有考公务员的那份勇气和决心，也不会有今天的地位和成绩。

每个人身上都蕴藏着巨大的潜能，而这种潜能能否被激发出来，成就人生和事业的辉煌，有赖于环境的刺激和唤醒。而压力往往可以促使一个人爆发出连自己都无法想象的潜能，何圆圆的经历就充分说明了这一点。如果不是上司的打压和刁难，何圆圆很有可能满足于既有的工作和收入，安于现状，不思进取。因为人都是有惰性的，“生于忧患，死于安乐”的定律很少有人可以抗拒。

但何圆圆偏偏“幸运”地遇到了一个为了一己私利、不择手段地赶她走的上司，由此也激发出她的斗志和雄心。何圆圆的上司充当了刺激源，充分地激发了何圆圆的潜能，让她的事业和人生跃升到一个崭新的境界。

但长期巨大的精神压力，会损害人的身心健康，带来身体和心理上的疾患。所以，还要懂得自我调节，让身心得到及时的放松，把消极的情绪及时宣泄出去，避免精神病毒淤积在心里，给身心造成严重的损害。培养一个兴趣爱好，那是最好的放松和调节。亲朋好友的陪伴与聆听，也是缓解紧张情绪和精神压力的有效途径。

做做“镜子训练”

“镜子训练”是一种简单有效并且可以使你充满信心、强化激情的方法。镜子不需要很大，但至少应该使你能够看到身体的上半部分。

首先让自己笔直地挺立，昂首、收腹、后脚跟靠拢，就好像立正的姿势一样。在站好后做三四次深呼吸，直到对自己的能力和决心有了感觉后，凝视眼睛深处，同时大声地告诉自己想要得到的东西的名字。要清楚地看见嘴唇的移动，听清自己所说的话。

镜子训练要成为一种固定的仪式，每天至少早晚各两次。你还可以增加一些内容。例如，用肥皂将喜爱的格言写在镜子上，只要它们的确代表你的理想即可。几天后，你的自信便会得到增强，而你绝不会想到它的建立竟然是来源于你自己的。

当你准备去访问一个极其固执或者让你感到畏惧的人时，请运用这个方法来训练自己，直到你相信你能够不再畏惧这个人为止。如果你需要上台演讲，那么在上台的前一天对着镜子练习吧，加上一些手势，它会让听众更加容易接受你的观点。

当你在镜子前站好的时候，反复告诉自己："我可以获得成功，这个世界上没有什么可以阻止我。"当然，在你刚刚学习这个技巧的时候，把它告诉别人并不是一个明智的选择，因为他们可能会讥笑你，使你的信心发生动摇。

眼睛是心灵的窗户，眼睛可以表达你的内心世界。你会发现，一旦开始实践镜子训练，你的眼睛便会产生一种你从未具备过的力量，你的眼睛会把你的信念真切地表现出来。你会拥有一种锐利的目光，这样的目光会让你得到强者的赞赏。

镜子训练并不限于提升你的自信，它在许多方面都可以运用。例如，你的走路姿势不好看，你便可以在大镜子前练习修正。镜子可以如实地反映你的样子，经过一段时间的训练，别人会惊奇地发现你的走路姿势已经非常漂亮了。

如果想要将自己塑造成为符合大众审美标准的人，没有比对着镜子练习更有效的做法了。不要掺杂虚荣和造作，要把自己塑造为你向往的那类人。历史上有那么多杰出的人，都是利用镜子训练来提高自己的影响力的，那么同样的，你也可以利用它来为自己的特定目标服务。

在挫折中变得聪明和成熟

小冯是个刚刚参加工作的应届毕业生，这些天小冯感到很压抑，因为他花了很长时间完成的任务并没有自己想象中的好，虽然已经把领导交给的任务完成了，但是他的心情依然很沉重。

小冯本想任务结束后好好放松一下，但是现在他完全没有那个心情了。他想，自己努力工作，总该有一个优异的成绩来回报自己吧，可根本没有。他第一次对自己的能力和未来表示怀疑，开始自卑、退缩、不敢相信自己了。

在心理学中，挫折心理指的是在有意识的活动中，受到了无法克服的阻碍或者干扰，从而产生的一种消极的心理状态。挫折、目标、动机和需要是紧密地联系在一起的，如果目标无法实现，需要不能满足，便会使人产生焦虑、悲观失望的消极情绪。

那挫折心理是从哪儿来的呢？心理学家将其分为两类：

1. 外界的不良刺激过多；2. 人们自身的抗挫折能力薄弱。也就是说，心理挫折的产生一方面来自外在因素的影响，一方面是自身内在的原因。巴尔扎克曾经说过："挫折和不幸，是天才的晋身之阶，能人的无价之宝，弱者的无底深渊。"挫折就像一把"双刃剑"，它既能让你变得成熟，也能毁灭你的一生。适度的挫折可以驱散人们的惰性，让人奋进。

在人生的旅途中，我们难免遇到挫折，我们只有想办法去面对它，才能渡过难关。

首先，要认识挫折，挫折是一个人在成长中必然会遇到的。不光要看到挫折带给我们的痛苦，也要看到挫折带给我们的财富——坚强、聪明和成熟。

其次，分析原因，在挫折中成长。失败后要积极总结失败的原因，不断地完善自我。在分析客观存在的困难时，也要分析自己的努力是否足够。

再次，树立战胜挫折的信心。不能在失败后，对成功不抱希望。要在建立大目标的同时，把大目标分解为一个个可以分阶段实施的小目标，逐渐地积累起自己的信心。

最后，适当地宣泄。例如，找亲友倾诉，请他们帮忙，或者在无人的、空阔的地方放声大喊，尽情释放心中的苦闷。

总之，要想克服挫折心理，就要认识到挫折会使我们变得聪明和成熟，想要获得成功便要容忍挫折，学会自我宽慰，满怀信心地去争取成功。

通过读书来拓展自己

学习能力是人最大的潜能之一。剑桥大学做过一项调查，调查发现，超过半数的劳动技能在1—4年内便会变得过时而一无所用，而在以前这些技能的淘汰期是7—14年。不断地学习已经成为人们适应社会的必须，而阅读是学习的重要手段。

很多伟人都保持着良好的阅读习惯。据说拿破仑读书的兴趣十分广泛，他涉猎了诸如炮兵学、哲学、历史、传记、天文学、地质学等学科，正是不断地学习才让拿破仑有足够的智慧和才能，建立起一个强大的帝国。

或许你已经被一天的工作弄得筋疲力尽了，如果你做不到去森林漫步、去田野散心的话，不如以读书作为消遣。不一定非得选择一堆有教育意义的书，你应该挑选你感兴趣的书、爱读的书，如小说、故事、诗集等。总之，应该尽量选择轻松的读物，以便让你对它产生兴趣。无论你偏好于哪一类读物，当你疲倦时，坐在舒服的椅子上，读着那些合乎你兴趣的书时，都会让你忘掉一切。而这种短暂的休养可以调节你的心神，让劳累的身体重新找回生机。

有许多书你永远也没有机会与它们相遇，就像你没有办法认识世界上所有的人一样。你对一些书可能只有非常粗略的了解，但也会有一些书与你亲近得像朋友一样，对你有着非同寻常的价值。

华盛顿年轻的时候，有一本叫《青年伴侣》的书对他产生过非常大的影响。华盛顿从中得到了不少的帮助，并把它作为自己终身的指导。或许在旁人眼里，这本书是那样平淡无奇，但是在华盛顿眼里，这本书确实是他的良伴，对于书中许多内容和例证他都细心揣摩体会过，对于其中许多格言他都烂熟于心。

看书应当学以致用，而非读死书。例如，读名人传记时，应该分析他们在遇到事情时能处理得体的原因。当自己遇到相同的问题时，就应当用别人的经验来指导自己，这样就可以避免在别人摔倒的地方再次跌倒。如果你了解了他们应对问题的方法，你甚至可以做得比他们更好。

对于你读过而且感兴趣的东西，应该尽量地复述出来。读了一个故事以后，你可以用自己的话讲给别人听，时间一长，你便会从这种尝试中惊奇地发现自己能力的提升。读到一篇非常精彩的论文时，可以试着用自己的话将它复述出来，并且从论文的风格中学习其精髓，而后在自己写论文时，借以检验自己的思路和推论。

最后，无论何时，请你牢记：读书时拒绝被动。因为只有把读过的东西，在生活中加以实行，才能真正地将它化为己有。读书不要像海绵吸水一样，只顾往里吸，而要把你所学到的知识想方设法地加以运用，然后你才能接受新的知识。

客观地审视自我

有一个人向他的朋友抱怨说："我的老板一点都不尊重我，改天我要大声地告诉他：我要辞职！"这时，朋友问他："公司的业务你完全弄清楚了吗？"在得到否定的答复后，朋友给了他这样的建议："君子报仇，十年不晚。我建议你把公司的所有业务都学会，等到公司已经离不开你的时候再辞职。你可以把公司当作一个免费学习的地方，这样你不但出了气，还学到了一身的本领。"

一年之后，那位朋友问他："你现在是不是已经准备咆哮着将辞职信丢到老板的桌子上了？"他一脸惊讶地说："辞职？我疯了吗？现在老板对我委以重任，又是升职，又是加薪，我现在过得不知道有多好！"

朋友笑着说："我早就知道会这样了，当初老板不看重你，是因为你的能力不足，而在你痛下苦功后，老板当然会对你刮目相看。只知抱怨别人，却不肯反省自己，这是许多人常犯的错误啊！"

这个故事告诉我们，要客观地审视自我。故事中的主角认识出现了偏差，忽视了自身的不足，片面地指责上司。幸运的是，他有一个睿智的朋友，以一种巧妙的方式阻止了他做出错误的决定，并引导他正确地认识了自己。在朋友的帮助下，他爆发出一直被埋没的潜能，在公司里脱颖而出，成为不可或缺的角色。所以，要想激发出自己的潜能，客观地认识自己，做出公正的自我评价，是一个重要的前提。过高或过低的自我评价，都不利于潜能的发挥。

公正地评价自己的能力，只是审视自我的一个方面。要想全面地认识自己，并在此基础上激发自己最大的潜能，还需要更进一步的努力。我们不妨从以下几个方面着手：

首先，你可以观察自己的一举一动，包括那些不经意的举动，然后洞察自己的内心世界。例如，为什么在听到批评或者质疑时你会激动和愤怒？为什么不能像别人那样看待他人的批评？只有全面地了解自己的外在行为和内心世界，才是真正的了解自己。也只有真正地了解自己，你才能成为一名不可或缺的人才。审视自我不能毕其功于一役，你必须不断地观察自己，这样才能全面地了解自己。

其次，面对困难和貌似不可逾越的障碍，要学会审视自我。在许多时候，紧张、不安与恐慌往往都来自你的错觉。许多困难只不过是你假想出来的，你所要做的就是抛开那些幻觉，重新审视自我，发掘自己的潜能。

最后，不要总是揽镜自怜、孤芳自赏，这样做的结果就是你无法走进别人的心里，别人也无法走进你的心里，你就失去了从不同的角度认识和评价自我的机会。

运用“超觉静思法”

端正姿势，调整呼吸，闭目养神，内视自己，控制感觉，把意识集中于一点，进入万念皆空的境界，这就是超觉静思。相信大家还记得《聪明的一休》这部日本动画片吧！在动画片中，每当一休遇到难题的时候便会闭目端坐，双手合十。这就是“超觉静思”的一种形式。据传说，少林寺祖师达摩法师曾在五乳峰上的石洞中面壁参禅，终于大彻大悟，这也是一种超觉静思。

超觉静思能使人大脑清醒，在普通状态下百思不解的难题在超觉静思状态下可能会被轻易攻克，出人意料的好点子也会脱颖而出。

超觉静思法做一次只需要三分钟，分静坐、调息、默诵三个阶段。

1. 静坐。静坐便是稳稳地端坐。静坐的姿势很重要，如过于懒散地坐着，将难以使精神振奋。相反，正襟危坐就容易将注意力集中。你可以选择禅坐或者坐在椅子上。重要的是，姿势要端正。

2. 调息。调息便是调整呼吸。调息是超觉静思法的重要组成部分，它通过调整呼吸，进而调整了自律神经。大家常见到或体会到在考试之前，有人呼吸紊乱，频率加快；比赛之时，有人呼吸紧迫，甚至休克昏厥。然而精神上训练有素的人，在同样情况下却能坦然自若，泰然处之。调息就是发挥人意识的作用，使人消除紧张，缓和心绪，集中注意力，从而使大脑进入思维和记忆的最佳状态。

首先，两眼微合，排除杂念。之所以要两眼微合，是因为睁开眼睛会受到外部环境的干扰；完全紧闭双眼，内心又可能滋生种种妄念。所谓微合，就是两眼似闭非闭、半睁不睁，前面好像有一道雾障，伸手不见五指，但透过浓雾又隐约可见朦胧的曙光。在这种状态下，才可以既排除外部干扰，又不滋生内心的妄想。

其次，采用腹式呼吸。腹式呼吸就好像是我们准备睡觉时的呼吸方法，如果找不到诀窍，可以先躺下寻找腹式呼吸的感觉，最后默记呼吸次数。第一次吸气时，心中默念“1”，用意念创造出一个大大的“1”，呼气时用意念把它擦掉，以此类推。如果中途分神忘了顺序，那么就从头重数，当能够顺利地数到100时，就说明已经能够使精力集中了。

最后，如果仅仅是默记呼吸次数还不能排除杂念，集中注意力的话，可以尝试一下“观想图像法”。可以试着想象某个物体的形状，如想一片云彩、一轮满月、一颗星星……要选择那种形象鲜明的物体，并让它孤零零地呈现在大脑中，集中全部注意力，全神贯注地进行观察；除了真实的物体之外，也可以联想一些抽象的符号，例如某个字、某个标点或者几何图形等，关键是要专心致志，别让它在脑中晃动或消失，别让杂念乘虚而入。

3. 默诵。默诵是指默默地诵读使精神集中的关键词。默诵时选择能代表自己的愿望、信念和鼓舞自己走向成功的座右铭。默诵的语句要短而具体，并且要充满信心，比如“一定成功”“我是最棒的”等。在这个阶段，腹式呼吸仍然在进行，只是不再默计呼吸的次数，而是在无意识的状态下进行腹式呼吸，呼吸比此前更轻一些。

默诵持续一分钟后，一轮超觉静思就完成了。这时，你可以慢慢地睁开双眼，精神状态往往会焕然一新，变得神志清醒、精力充沛、气定神闲、信心十足。所以，超觉静思法是激发人的潜能的有效方法。

找回失去的童心

在生活中，如果有人说你“像小孩子一样”，我想你一定会感到生气的，因为这种说法通常是带有贬义的。但是实际上，如果能够回到童年，会对我们产生极大的好处。这并非意味着要我们丢掉成人的责任，而是让我们暂时地放弃“我是成年人”的角色，重新回忆起小时候对世界的好奇和激情，回忆起小时候心情愉快的生活。

童年是我们每个人都经历过的时光，我们一定都还记得，数不清的美好理想都是在那一阶段产生的，那时我们也都有实现这些理想的信念和激情。然而，时光流逝，在不断成长的日子里，我们心中的这些理想都渐渐淡漠了。在不知不觉间，我们变得庸庸碌碌，我们的激情也已经泯灭了。

童心主要表现在没有烦恼，不好的事情忘得快；容易满足，笑容常在；爱交朋友；活泼好玩；好奇多问，想象力丰富，自娱自乐等。简言之，我们所谓的童心就是乐观豁达，笑对人生。要想恢复可贵的童心，就必须鼓励自己去回顾童年时曾有过的美好理想，将已经淡化或泯灭了的童年追求重新唤醒，从儿童

的角度重新审视问题，让自己放松心情，重新焕发出对生活的热情。

1. 试着回想童年时期某段让自己快乐、成功、骄傲的时光，找到“我很厉害”的自信，重新确立起生活的追求。

2. 回想一下童年时自己都有哪些梦想，把那些梦想写在一张纸上，认真地重温一遍。先把目前不能马上实现的梦想暂时放在一边，再把单子上比较实际的梦想按照计划一一付诸行动。

这样就会将童年的许多梦想一步一步地实现，在这个过程中，会积累起相当的成就感。

3. 阅读童话。童话是为儿童而创作的，它的内容单纯、活泼和理想化。在阅读中，我们会被作品中的童心所感染，唤醒沉睡的记忆。童话故事中的人物能够引导人们进入另一个世界，心理上的压力也会得到缓解，从而使精神也变得振作和积极。当然，返回现实生活的时候，我们仍然会遇到不开心的事情，但在这时我们已经能够换一种全新的姿态来面对它们了。所以，阅读童话故事是调节心理状态的一种行之有效的方法。

4. 拜访一下小时候的老师、同学和朋友，与他们谈谈以前的时光和温情。在现实社会中经历了许多挫折以后，我们才会意识到童年是多么的无忧无虑，就算那时我们成绩不好，会被责骂，在现在看来都是温馨的记忆。

5. 去幼儿园、小学看看，感受一下孩子们的天真活泼；重温小时候写过的日记、书籍、照片。拿出尘封已久的日记可以让我们想起那时的小烦恼，在回顾中我们甚至会被当时的想法逗乐，而照片更是记载着那一瞬间的喜怒哀乐，可以让我们尘封的童心苏醒。

通过这些训练步骤，我们会重新获得孩童身上的可贵品质，保持青春的活力，更好地面对生活与工作。

第六章

职场心理学

——成为办公室人际关系高手

在职场上生存，需要有对他人心理的敏锐洞察力和良好的自我情绪调节能力。想要成为职场上的成功者，未必要玩弄权术、钩心斗角，但一定要成为运用心理策略和技术的高手。洞察了心灵的奥秘，你将在职场上无往不胜。

保全同事的面子

小黄大学毕业，经过一轮又一轮的面试，终于如愿进了一家著名的互联网公司。按照公司规定，新员工要参加为期3个月的入职培训，主要是了解公司文化、熟悉公司规章制度等。

有一天，公司的人力资源经理亲自来授课，点名时一疏忽，将一个人的名字念错了。这个人与小黄同住一间集体宿舍，姓名比较生僻，经常被读错，自己也习以为常了，所以就含糊地应了一声。

人力资源经理正想继续点名，小黄却突然大声说道："错了，错了！念错了！"人力资源经理愣住了。小黄纠正完毕，除了人力资源经理，在座的员工都忍不住哈哈大笑。

从此，人力资源经理就记住了小黄，他在寻找一个报复的机会。3个月的培训很快就结束了，分配岗位时，别人都被分到很有发展潜力的岗位上，小黄却被人力资源经理"用心"安排到公司的网络维护员岗位上，这与他的心理预期相差太远。

小黄找到人力资源经理要求调岗，人力资源经理的答复是：对公司来讲，每个岗位都是重要的。小黄这时才明白，自己已经把人力资源部经理给得罪了。

故事中的小黄是一个有很强的自我意识、时刻不忘表现自己的人。当上司念错名字时，他就挺身而出，打断领导的讲话，指出领导的错误并给予纠正。虽然是读错别字这样的小事，本身无关痛痒，但却让上司丢了面子，上司借机报复，也就不足为怪。因为一个错别字毁掉了自己的职业前途，实在可惜。

作为一名下属，如果在正式的场合贸然提出与上司不同的意见，上司就会认为你在挑战他的权威，质疑他的决策能力。如果你坚持己见，据理力争，就很容易引起领导的反感，让他认为你是个不顾上司的尊严和颜面，只知道自我表现的人。弄不好，就要丢掉自己的饭碗。所以，面子心理不可小觑。

帮同事打圆场

有一群人在一起聚会，他们都是老同学，因为许多年没见，所以大伙见面后分外亲热。大家正聊得高兴的时候，一位男士对一位女士用开玩笑的语气说："还记得当初你是怎么追我的吗？现在还想我吗？"按常理说，这是一次老同学的聚会，大伙都比较熟识了，说一句玩笑话也无伤大雅。但是恰巧这位女士心情不太好，便当场翻了脸。"谁追你啊？神经病！"因为她说话的声音很大，在场的人都惊讶地看着她，场面非常尴尬，开玩笑的男士红着脸不知所措。

这时，另一位女士站了起来，笑着说："我们小妹的脾气还是跟以前一样啊，喜欢谁，就说谁是神经病，小妹我说得对吧？"这一席话，让大家回想起了美好的大学生活，不由得七嘴八舌，互相开起玩笑来，气氛再次热烈起来，而一场风波也就此平息。

从上面的这个例子我们可以看出，在日常交际中遇到尴尬的场面时，能够准确地把握双方的心理，用恰到好处的言辞打圆场，是十分重要的。圆场打得好，可以化解尴尬的局面，让交际活动正常地进行。但是打圆场不是插科打诨，它需要针对实际情况，灵活处理。例如，可以用幽默的话语转移话题，以此来制造轻松的气氛；或者指出双方各自的合理性，避免争端升级；也可以故意歪曲对方话中的意思，做出双方都能接受的解释。下面我们就有针对性地分析各种场合下的应对技巧。

1. 制造轻松话题。在工作中，当同事们在某个严肃或者敏感的问题上非常对立，已经影响到同事之间融洽关系的时候，我们可以暂时回避这个话题。借助一些轻松、愉快的语言来转移话题，同时转移双方的注意力，从而达到缓和尴尬局面的效果。当两个同事之间为了某个问题争论不休时，可以在适当的时机说一句："这个问题太难了，其难易程度已经超过国足是否能在下次世界杯出线了。"这样就可以让紧张的气氛得到缓解。

实际上，在许多时候，造成僵局的原因往往是彼此的争胜情绪在作怪，而不是双方看法本身的问题。所以，我们在打圆场时要抓住这一点，帮助他们认识到彼此看法的包容性，从而使双方停止无谓的争论。

2. 帮对方找台阶下。人们在交际活动中陷入被动，有许多时候都是因为他们在特定的场合做了不恰当的举动，从而导致了尴尬的场面。在这种情况下，最有效的打圆场的方法就是找一个借口，用合情合理的解释来说明对方的举动是合理的，这样对方的尴尬便会解除了。

3. 善意曲解。在本文开头同学聚会的例子中，无论批评哪一方都是不合适的，将破坏聚会的气氛。这时候那位女士所采用的方法就是从善意的角度，将双方的语言做出“歪曲”的解释，以此让大家回忆起大学时的美好时光，化解了尴尬的场面。

4. 指出双方的合理性。在某些特定的场合下，双方因为不赞同对方观点而争执不下时，作为调解者应该做到不厚此薄彼，要站在中立的立场上理解双方的心情，以免激化双方的矛盾。同时应该做到对双方的优势和价值都予以肯定，这样才能在一定程度上满足他们自我肯定的心理，这时再拿出双方都能接受的建设性意见，便很容易被双方接受。

要想在同事当中充当一个打圆场和化解危机的高手，关键在于洞察当事人的心理，有的放矢。所以，打圆场的高手也是心理洞察的高手，细致入微的观察力和换位思考的理解能力，是打圆场的基本要领。

掌握“1、2、3”谈话法则

王昂是一个非常热心的小伙子。在办公室里，只要能帮得上的忙，他都不会坐视不理。可是，同事们都不太愿意和王昂说话，因为只要王昂张了口，别人就没有说话的机会。他总是一个人喋喋不休，别人想插话说两句，马上会被他打断——“对，是这样的”，然后就接过话茬继续自己的独白。久而久之，没人愿意和王昂聊天了，大家聊天时，只要王昂一插嘴，同事便会悻悻地结束谈话，把他一个人晾在那里。

交谈是人与人之间沟通最基本的方式，但是如果你在与他人交谈的过程中没有注意方式方法，就会给你的工作、学习和生活带来许多不必要的麻烦。怎样才是聪明的交谈方法呢？其实，只要我们掌握了交谈的“1、2、3”法则，便能在工作中与同事们更好地交流。

所谓“1、2、3”法则，简单地说，就是讲1分钟，听2分钟，并且在听的过程中做3次以上的肯定表示。如今，在这个快节奏、竞争激烈的社会中，人们在很大程度上已经失去了耐心倾听别人讲话的从容，人们更喜欢自我表白，把别人当作宣泄情绪和话语的对象，不考虑他人的感受，独自享受说话的快感。这样的谈话方式忽视了别人的心理需求，也失去了通过倾听了解别人、释放善意、建立友谊的机会。

其实，我们每个人都不喜欢在谈话中被人当成只能“听”的耳朵。一个只顾自己说，根本不想听别人说，甚至抢话说的人，是不会有人愿意做满足他表演欲望的工具的。所以，在谈话中，遵循“1、2、3”法则是非常必要的。阐明自己的看法时，要简明扼要，以 1 分钟为限，给对方两分钟的时间来表达他的看法，并且在倾听时要积极地通过语言或者神态做出 3 次以上赞同的表示，给对方以有效的鼓励。按照这样的模式来控制谈话的节奏和进程，因为双方都能够积极参与到对话中来，从对话中获得鼓舞和满足，所以就是一次成功的对话，满足了彼此对交谈的心理需求。

专业人士认为，为了能成功地进行对话，应避免以下 9 种不正确的对话方式：(1) 打断别人的谈话，扰乱别人的思路；(2) 忽略使用解释与概括的方法，使对方难以领会你的意图；(3) 由于自己注意力的分散，迫使别人再次重复谈过的话题；(4) 像发射炮弹似的连续发问，使人疲于应付。同时对他人的提问漫不经心，言谈空洞；(5) 对某种现象妄下判断，借以表现自己是内行；(6) 避实就虚，让人迷惑不解；(7) 过分地强调与主题不相关的细枝末节，使人厌烦；(8) 当别人对某个话题感兴趣时，你却强行把话题转移到自己感兴趣的话题上；(9) 将正确的观点、中肯的劝告故意说是错误的，使对方怀疑你话中有戏弄之意。

“1、2、3”法则的真谛就在于倾听。听见不等于倾听，别人说话时你心不在焉，会让说话的人泄气，甚至反感。倾听不是被动的，而是积极、主动的思维和情感交流的过程。心理学专家认为：倾听者并非机械地“竖起耳朵”，而是在听的过程中要跟上倾诉者的故事、思想内涵，要跟得上对方的情感深度，并且在适当的时机同情、提问、解释，以使得谈话能够步步深入下去。

在倾听时，也可以利用无声体态语言来呼应，如微微的点头、专注的神情、闪烁的目光、会心的微笑、牵动的嘴角等，这些都能使讲话的人看到你的真诚，获得鼓舞。你可以适当地前倾身体，这是一种集中精力的积极倾听的姿态。在倾听过程中最好是保持自然微笑的表情，同时伴随着对方的谈话内容相应地变化，不时地点头表示赞同。

在办公室里，倾听是了解同事的想法和赢得对方好感的捷径。因为在办公室这个狭小的地方，同事之间交织着各种复杂的人际关系和利益关系，人们在谈话时通常不会直白地诉说自己的想法，只有认真地倾听，才能捕捉到对方谈话中传递的真实信息。无论对方说的是生活琐事，还是日常工作中的林林总总，只要你肯用心聆听，便一定能加深对同事和工作环境的了解，同时也会被说话的人视为知己。

管住自己的嘴

李强刚参加工作没多久，性格热情开朗，和同事们每天一起上班，说着笑着就把活干了，晚上一干人等时而泡吧，时而打保龄球。这让李强感叹：谁说工作以后不容易交到朋友！既然是朋友，自然无话不谈，尤其是发牢骚的时候——偏心的老板、喜欢拍马屁的某某……他的话让在场的人都点头称是。然而没多久，李强的宏论陆续、辗转地从各个渠道有了反馈，当事人有的对他怒目而视，有的偷偷给他准备了小鞋，有的干脆以牙还牙。李强品尝到了自己酿的苦酒，实在苦不堪言。

在职场上，直率未必是好事。有时同事会这样想："他能这么说 A，也肯定会这么说我，我要小心跟他接触。"时间一长，你原本很"谈得来"的同事也会对你敬而远之。所以，要管住自己的嘴。工作中，哪些话不应该说呢？

1. 炫耀的话不宜说。老子说过："良贾深藏若虚，君子盛德，容貌若愚。”意思就是要韬光养晦，不要锋芒毕露。喜欢炫耀自己是人的天性，但当你沾沾自喜地炫耀的时候，无论是骄人的业绩还是领导的赏识，都会在无形中破坏自己的人脉。同事表面上可能在恭维你，但是内心却可能正在压抑嫉妒的火焰。不要怪别人心胸狭隘，这是你的虚荣造成的恶果。

2. 过谦的话不宜说。既不要炫耀，也不要过于谦虚。在人际交往中，我们经常会面临自我评价的问题。谦虚当然是一种美德，自我评价时谦逊一些，是应该的。但如果过分谦虚，甚至在同事面前贬低自己，就不合适了。要知道，过分的“谦”会在别人心中产生所谓的“逊”。所以，当我们面对同事做自我评价的时候，态度一定要不卑不亢。虚心向他人学习，但不要把别人看成巨人，把自己变成侏儒。只有自尊才能赢得他人的尊重，谦虚绝不是以牺牲自尊为代价的。

3. 个人的隐私不宜说。在办公室里，个人的私生活并不是适宜的话题。办公室是工作的地方，不是互诉心事的场所。无论失恋还是热恋，都别把情绪带到工作中来，更别把故事带进来。虽然这样的交谈能够很快拉近人与人之间的距离，但事实上只有 1% 的人能够严守秘密。所以当你的工作出现危机，如工作上不顺利，对老板、同事有意见看法时，最好不要向办公室里的人袒露，任何一个成熟的人都不会这样“直率”的。

但也并非所有的私事都不能作为办公室里的话题。例如，男朋友或女朋友的工作单位、学历、年龄及性格脾气之类的话

题。在工作之余顺便聊聊，可以增进同事之间的了解，加深感情。

4. 单位的是非不宜说。有些话，类似“公司福利不好”“公司老让加班，不给加班费”以及老板的私生活、同事的能力、单位的裙带关系等，这些容易引起是非的话题能免则免。说这种话没有任何意义，反而会给自己带来风险。另外，切忌不要拿现单位和原单位比。无论比出个什么样的高下，老板都不爱听。别以为你在现老板面前大谈原先老板的不是便是好的，这只会让情况更糟。他会觉得你今天能这么议论原先的单位，下次就会这么说现在的单位。

5. 表露个人野心的话不宜说。在公司里，你整天念叨“我要开创自己的事业”的话，很容易被老板当成敌人。如果你说“我的能力至少可以做副总”，那你便已经把自己放在同事的对立面了。因为你公开自己的进取心，就等于公开向公司里的同事挑战。要知道，强人强在做事上，而不在大话上。

6. 薪水的问题不宜说。很多单位不喜欢职员之间打听薪水，因为同事之间工资往往有不小的差别，同工不同酬是老板常用的手段。但它是把“双刃剑”，用好了，是奖优罚劣的一大法宝；用不好，就容易促发员工之间的矛盾，而且最终会将矛头直指老板。所以，有关薪水的话题也是非常敏感的。首先，自己不主动谈薪水的问题；其次，如果你碰上这样的同事，当他把话题往工资上引时，你要尽早打断他；如果不幸没等你拦住，他就把话都说了，也不要紧，用外交辞令冷处理：“对不起，我不想谈这个问题。”便不会有下次了。

别踩办公室地雷

办公室里老钱的女儿在上大学，前几天参加了托福考试，得了 640 分，这可是高分啊！老钱高兴得嘴都合不上了，第二天一早来到办公室，便迫不及待地向大家通报。同一个办公室的何芳过去也参加过托福考试，听了老钱的喜讯，心里很不服气，于是接过话茬："我听说清华有个厨师托福考了 650 多分呢！"此言一出，就像一个重磅炸弹，老钱先是一愣，继而脸色突变，眼看就要发火。

在场的胡悦见势不妙，连忙出来打圆场："640 多分啊，真厉害！我读大学的时候也考过一次，才 500 多分，当时我的外语成绩在班上还算好的呢！您女儿考得真好！"其他人也出来配合，老钱被恭喜的话包围着，火气也渐渐消了。办公室里洋溢着喜庆的气氛，只有何芳被撂在一旁，如坐针毡。

有些人在无意间，或者是在某种心理作祟的情况下，发表了让当事人火冒三丈的言论，这就等于在办公室里踩响了一颗地雷，杀伤力是非常大的。相信没有人希望这样的事情发生在自己的身上。如果不小心点了同事的炮，情况更糟，即便对方不找机会打击报复，在办公室里也会对你态度冷漠，让办公室充满紧张的气氛。

何芳之所以会踩响地雷，显然是因为她的嫉妒心理在作祟。看到别人的成功之处，或是发现别人在某个方面比自己优秀的时候，任何人都会产生羡慕心理，甚至会产生一定程度上的嫉妒。

这种心理如果把握得好的话，可以化作进步的动力，鼓励自己加倍努力，缩小与别人的差距。但如果把握不好的话，就会出现何芳的情况，在嫉妒心理的作用下，说出不得体的话，做出不得体的事，恶化了人际关系，损害了自己在别人心目中的形象。

有的人说起话来总是带着一种讽刺挖苦的语气，让对方感觉受到了伤害，从而闹得不愉快。这种人对周围的人和事物都过于挑剔，不能宽容、善意地对待身边的人。这种说话的口气非常容易踩响地雷，造成紧张气氛和人与人之间的隔阂。

还有人喜欢在说话的时候做不恰当的对比："你看看人家小李……""你就不能像小宋……"在说这类话的时候，当事人往往对说话对象抱有很高的期望，但对方的表现又没有满足自己的期望，所以带着"恨铁不成钢"的心理而做出结论。殊不知，这样的比较很容易伤害到对方的自尊，为了维护自尊心，对方当然会断然加以反驳，造成冲突。也有人完全是出于无心，只是因为不善言辞，或是用词不当，让听者产生了误解，踩响了办公室地雷。

所以，避免踩响办公室地雷，除了要有积极、健康的心态之外，还需要注意说话的技巧，如果话题比较敏感，就要斟酌自己的言辞，以免"说者无心，听者有意"，造成误解。也要注意避免讽刺挖苦、含沙射影、不当比较这些容易踩雷的说话方式。在办公室里想要心情舒畅地工作，就需要有和谐的人际关系和融洽的氛围，因此，不要让你的无心之言打破这种和谐的氛围。

把话说到别人心坎上

美国总统里根在大选期间到各地巡回演说。一次，他在农民中拉选票，为了讨好听众他讲了这样一个笑话：有一位农民开垦了一片已经干涸的小河谷，河谷里到处都是石头、杂草，在农民日复一日的辛勤耕耘下，这片乱石滩终于焕发出它的魅力，变成了硕果累累的庄园。

一日，农民把主管农业的部长邀请到自己的庄园里，请他看自己的劳动成果。部长应邀前来巡视了一番，对这片庄园赞不绝口："你的土地一定是得到了上帝的祝福！"看到丰收的玉米，部长就说："感谢上帝的祝福！"看到水果，部长又说："它们一定得到了上帝的恩赐！"这时农民实在忍不住了，对部长说："尊敬的部长阁下，我真的很希望你看到上帝自己管理这片土地时的模样。"于是，听众把笑声和掌声献给了能说会道又摸透了他们心理的里根。

在办公室里，需要与朝夕相处的同事沟通和交流，但是同事不像朋友、家人，在你没有兴致时可以不说话，在话匣子打开时，可以想说什么就说什么。所以，既要沟通交流，保持频繁的人际互动，又要注意方式方法，除了不能说、不宜说的话之外，还要把话说到同事的心坎上，让听的人打心眼里高兴。否则的话，出言稍有不慎，便会在对方心中留下不好的印象，造成人际关系的暗伤或者硬伤。怎样才能把话说到别人的心坎上呢？

在上面的故事里，里根之所以能得到选民的认可，原因就在于他把话真正说到了他们的心坎上。里根既赞美了农民的勤劳和贡献，又讽刺了听众讨厌的官僚，以此讨好了他的听众。我们从中可以得到这样一个有益的启示：要想把话说到别人的心坎上，一定要有的放矢，需要针对不同的对象采取不同的策略。此外，还要善于揣摩对象的心理，让自己的话准确地击中对象内心的兴奋点。

要想把话说到对方的心坎上，就需要了解对方的脾气和性格。有的人不拘小节，处理问题大而化之，与这样的人打交道，如果说话过分拘谨、客气，反而会引起对方的反感；而有的人很在意人际交往的礼貌礼节，对细节比较讲究，与这类人交谈时就需要语气委婉、措辞谨慎，态度上也需要恭敬、庄重。

弄清对方的兴趣爱好，从而针对他的兴趣点找出话题，也是把话说到别人心坎上的一个好方法。因为每个人的兴趣爱好都不同，有一些还相当私密，外人很少知道他到底喜欢什么东西，这就需要你细心地观察和多方地了解了。一旦你知道谈话对象鲜为人知的兴趣所在，便可以把话题自然而然地引向他的兴趣，这样一定可以让对方谈兴顿生，敞开心扉地与你交流。

《红楼梦》中的王熙凤可是个能说会道的角儿，她在揣摩人的心理、运用说话技巧方面，可以说是出神入化。王熙凤初见黛玉，便笑道："天下真有这样标致的人物，我今儿才算见了。况且这通身的气派，竟不像老祖宗的外孙女儿，竟是个嫡亲的孙女儿，怨不得老祖宗天天口头心头一时不忘。只可怜我这妹妹这样命苦，怎么姑妈偏就去世了！"这番话说得可是八面玲珑。

首先，王熙凤在贾府中仰仗贾母的宠信，呼风唤雨。因此，在任何时候都要讨贾母的欢心，把话往贾母心坎上说。所以，与林黛玉第一次见面，便恭维黛玉是天下最标致的人物。黛玉是贾母的外孙女，母亲去世之后，深受丧女之痛的贾母执意要接黛玉到贾府来，就是想从外孙女身上找到一些安慰。王熙凤的一番褒扬，自然让把黛玉当心肝儿一样的贾母打心眼里高兴。

其次，她把黛玉说成是贾母的嫡亲孙女儿，让两人的关系又亲近了一层，既满足了贾母对黛玉的疼爱怜惜之情；又是对承受丧母之痛，如今又寄人篱下的林黛玉的莫大慰藉，自然让黛玉心存感激之情。

最后，她又顺势表达了对黛玉母亲去世的痛惜之情。短短几句话，句句说到人的心坎里，话里话外的功夫，可见一斑。

正确对待弦外之音

小刘和小孙同在一家贸易公司的市场部工作。一天，部门主管由于与外商的谈判进行得不顺利，情绪烦躁，对下属们发起了无名火，大声训斥道：“你们是怎么做事的，还想不想干了？”小刘误认为主管的话是针对自己的，于是火气上升，当面质问主管：“有话您直说，别拐弯抹角的！”小孙则想，主管平时稳重，待人也比较礼貌，今天发脾气一定有原因的，于是便上前询问发生了什么事。这时主管的情绪已经缓和了下来，也觉得自己的态度太过分了，便主动向大家道歉，说明了事情的缘由，取得了下属的谅解。刚才拍案而起的小刘则显得十分尴尬。

在这个事例中，小刘因为对主管的话做了错误的理解，从本没有什么针对性的话里解读出弦外之音，认为主管是在发泄对自己的不满，话里有话，结果导致了一场误会，影响了上下级关系。所以，面对同事的言谈，要保持大脑的冷静，尽可能客观地理解当事人所说的话，不要从本无所指的话里主观臆测出言外之意来。

要结合当时的环境来分析，他人说出这样的话是不是有其他的原因等。如果不能排除这样的可能，就不要硬是联系到自己身上，无中生有地制造矛盾，破坏同事关系和上下级关系。做到这一点，最重要的就是要有冷静的大脑和良好的心理素质，心胸开阔，不钻牛角尖，以免因为一时冲动而惹出无端的是非。

有的人性格开朗，做事大大咧咧，说话心直口快。所以，对于这种人在情绪激动下所说的不理智的话，不要妄加揣测对方的言外之意或者恶意动机。为了不因对方情绪的变化，而影响对其谈话动机的善意理解，首先要换位思考，为对方的冲动寻找客观原因，从而给予谅解，其次要引导对方把他恼怒的原因说出来。

如果对方的话中确实有言外之意，也要尽可能地做善意的解读，不要往坏处想，认为当事人别有用心。他人没有选择直白的表达方式一定是有其原因或者苦衷的，作为接收者要抱着善意的态度来理解。或许当事人根本没有恶意，只是碍于情面不便明说，所以才采取了这种委婉的表达方式。作为接收者，应当理解其良苦用心，千万别把好心当成了驴肝肺。当然，人说话的动机有时是很复杂的，善意的、恶意的动机并不是那样泾渭分明，甚至同一句话里还可能掺杂着不同的动机，那就应该尽可能地去关注那些善意的动机，忽视恶意的动机。这才是成熟的处世之道。

当对方的言外之意的确怀有恶意，通常是借助言外之意冷嘲热讽，发泄不满时，也不一定要反唇相讥，针锋相对往往会使矛盾激化，造成无法弥补的损失。只要对方不得寸进尺，大度一些，一笑置之也未尝不可。这不是软弱，而是自信、坦荡、宽容的表现。

职场拒绝情绪化

小宋在一家公关公司工作。他工作认真负责，办事利落，虽然只上了半年班，可是却深得老板的赏识。

但是，小宋有一个致命的毛病，就是特别情绪化，一有事就不分青红皂白地对周围的同事发泄自己的不满。开始的时候，同事都没把他的这个缺点当回事，因为谁都有情绪不好的时候，有的时候发泄出来也许是好事。可是半年时间过去了，同事发现他的坏脾气不但没有改掉，反而变本加厉，对上司也是如此，情绪不好的时候就当场顶撞，让上司下不来台。

渐渐地，同事对小宋的这个坏习惯无法像以前那样容忍了。同事开始疏远他，不再和他谈天说地，也不再约他一起活动了。可是小宋还是没有意识到自己的缺点，依旧我行我素，完全不把别人的感受放在眼里。时间过得很快，一转眼一年过去了，小宋还是没能升迁，工资也没有增加。

失败都是有原因的。小宋失败的原因在于和同事相处时，总是不分场合，肆无忌惮地发泄自己的情绪，有时甚至在公开场合顶撞上司，使得上司非常没面子。试想一下，谁会喜欢与小宋这样的人共事呢？又有哪个上司愿意提拔像小宋这样的人呢？

面对巨大的工作压力，人总会有心浮气躁的时候，总会有难以诉说的苦衷。这时候，人们都会有一种强烈的想向人发泄胸中闷气的欲望，但是这种闷气不能任意发泄。如果不分场合地任意发泄，就可能引发办公室战争，后果将是不可设想的。

有人认为情绪不好的时候偶尔发泄一下，不算什么大事儿，更没有必要小题大做。在他们看来，发一次脾气是职业生涯中一个微不足道的细节，无关大局。但这样的细节却能给周围的人造成无法挽回的影响，反过来也会影响自己的职业前途。

人在愤怒或者激动的时候容易做出偏激的行为，无法冷静地处理问题，很容易伤害到身边的人。在工作中，什么样的情况都可能发生，什么样的事情都可能遇到，因此，要想在职场立足，避免陷入办公室战争的旋涡，一定要学会控制自己的情绪，不要轻易地把自己的情绪表露出来，以免伤害自己和得罪别人。不加控制地直接流露出自己的喜怒哀乐，也表明了为人太过肤浅、没有城府。

善变的情绪会给自己的工作带来不必要的麻烦。无论做什么工作，都会不可避免地遇到批评和抱怨，这时一定要耐着性子，冷静对待，认真处理，切不可意气用事。如果处理不当，不仅会造成双方的不愉快，还有可能使双方的合作关系受到长远的影响。

谁愿意跟一个办公室里的火药桶合作呢？对于火药桶，人们避之唯恐不及。办公室的火药桶会严重影响周围的人，干扰大家的心情和工作效率，也会破坏和谐、愉快的办公室氛围。

如果你冲着同事出气，即使同事理解你的心情，也会对你产生一定的看法。如果被上司知道了，将有可能影响你升职加薪的机会。因为一个情绪化的员工很难与他人合作，而这会直接影响单位的整体利益。一般情况下，上司不会把重要的事情交给一个情绪化的员工去做。所以，要学会控制自己的情绪，尽量少暴露自己的弱点。在情绪激动时，不但要找到根源，想办法解决，而且要及时调整自己，让自己尽快冷静下来。

消除同事的嫉妒心

28岁的吴倩过五关斩六将，总算争得了某公司市场部经理的职位。老板带她来到市场部的办公室，指着一位30多岁的女士对吴倩说："这位是江荔，是你的助理，有什么不清楚的，可以请她告诉你。"然后，老板对着一屋子的市场部员工宣布吴倩正式走马上任。大家没有鼓掌，也没有向她做自我介绍，吴倩顿时陷入了一种难以言状的尴尬局面。

老板离开办公室后，江荔就说："吴经理，很抱歉，我今天有很多事要做，所以没有太多时间跟你聊。"说完，她就一头扎进工作，一天都没跟吴倩说一句话。吴倩发现，除了江荔之外，办公室里的其他3个同事也对她横眉冷对，就连商量工作时也都是爱答不理的，那副做派，仿佛她不是他们的上司，而是来给他们跑腿打杂的。

原来，市场部的这几位同事都为公司效力了多年，每个人都以为市场部经理的职位出现空缺后，能落到自己的头上，却没料到这个职位让吴倩占了，所以不满情绪溢于言表。吴倩明白，这几位同事的嫉妒心理情有可原，他们的刁难并不是针对自己，而是对公司做出的人事决策表示不满。于是在办公室里，吴倩持之以恒地向这几位同事表达自己的友善，经过几次以德报怨的交往之后，这几位同事都为她的温和善良所折服，从而接受了她这个年轻的领导。

嫉妒是寻求公平心理的一种消极反应。人都是要求公平的，当公平心理畸形发展的时候，就可能导致嫉妒心理的出现。嫉妒型同事一旦处于劣势的地位，很容易产生心理上的失落和不平衡，虽然表面上气壮如牛，但内心却非常空虚，而且隐含着一种悲观的情绪。如果一个人太完美，周围的同事就难免会自惭形秽，感到沉重的压力，从而产生嫉妒心理。

可以通过以下3种办法来化解与嫉妒型同事之间的矛盾和冲突：

1. 故意就自己工作中的某些方面，让嫉妒型同事提出意见或建议，或者客观地分析嫉妒型同事的优势和长处，增强他们的信心，让他们找到心理平衡，扑灭心中熊熊燃烧的妒火。

2. 在嫉妒型同事面前有意地流露出自己的一些“小缺点”。比如，低姿态地向嫉妒型同事请教一些简单的问题，再趁机吹捧他们一番，满足他们的自尊和虚荣心理，让他们觉得你不是十全十美的职场超人，从而消除他们的嫉妒和敌意。

3. 关注并帮助嫉妒型同事的工作。想让嫉妒型同事对你产生好感，并愿意成为你的朋友，你就应该对他们的工作给予特别的关注，并在自己力所能及的情况下，适当地提供一些有实际意义的帮助。

图书在版编目(CIP)数据

让你爱不释手的超实用心理学：全新升级版 / 陈国强著. —2版. —北京：中国法制出版社，2019.12

ISBN 978-7-5216-0554-9

Ⅰ. ①让… Ⅱ. ①陈… Ⅲ. ①心理学—通俗读物
Ⅳ. ①B84-49

中国版本图书馆CIP数据核字（2019）第206551号

责任编辑：孙璐璐（cindysun321@126.com）　　封面设计：汪要军

让你爱不释手的超实用心理学：全新升级版

RANG NI AIBUSHISHOU DE CHAO SHIYONG XINLIXUE：QUANXIN SHENGJIBAN

著者 / 陈国强

经销 / 新华书店

印刷 / 三河市国英印务有限公司

开本 / 880毫米×1230毫米　32开　　印张 / 9　字数 / 171千

版次 / 2019年12月第2版　　2019年12月第1次印刷

中国法制出版社出版

书号ISBN 978-7-5216-0554-9　　定价：39.80元

北京西单横二条2号　邮政编码100031　　传真：010-66031119

网址：http://www.zgfzs.com　　**编辑部电话：010-66053217**

市场营销部电话：010-66017726　　**邮购部电话：010-66033288**

（如有印装质量问题，请与本社印务部联系调换。电话：010-66032926）